Nilgün Aygen

Die Besten für den Vertrieb

Die Prinzipien des Verkaufs
für die Mitarbeiter-Rekrutierung
nutzen

GABLER

Bibliografische Information der Deutschen Nationalbibliothek
Die Deutsche Nationalbibliothek verzeichnet diese Publikation in der
Deutschen Nationalbibliografie; detaillierte bibliografische Daten sind im Internet über
<http://dnb.d-nb.de> abrufbar.

1. Auflage 2012

Alle Rechte vorbehalten
© Gabler Verlag | Springer Fachmedien Wiesbaden GmbH 2012

Lektorat: Manuela Eckstein | Gabi Staupe

Gabler Verlag ist eine Marke von Springer Fachmedien.
Springer Fachmedien ist Teil der Fachverlagsgruppe Springer Science+Business Media.
www.gabler.de

Umschlaggestaltung: KünkelLopka Medienentwicklung, Heidelberg
Satz: workformedia, Mainz/Frankfurt/M.
Druck und buchbinderische Verarbeitung: AZ Druck und Datentechnik, Berlin
Gedruckt auf säurefreiem und chlorfrei gebleichtem Papier
Printed in Germany

ISBN 978-3-8349-3393-5

▌Vorwort ▌

Die Personalrekrutierung erfährt angesichts der aktuellen Situation auf dem Arbeitsmarkt und auch durch den wirtschaftlichen Aufschwung einen beachtlichen Bedeutungszuwachs. Dies betrifft insbesondere den Vertrieb: Die Nachfrage wird immer größer, während das Angebot eher stagniert. Besonders gravierend ist, dass es bislang nur wenige akademisch gebildete Absolventen aus Vertriebsstudiengängen deutscher Hochschulen und Universitäten gibt. Nilgün Aygens Vertriebsrekrutierungsbuch kommt daher zum richtigen Zeitpunkt auf den Markt.

Das Buch zeigt überzeugend und anhand zahlreicher praktischer Beispiele, dass die Personalrecherche und -einstellung von Vertriebsmitarbeitern auf der Basis des verkaufsorientierten „Fokus-Quantität-Qualität-Modells" (FQQ) besonders erfolgversprechend ist, wenn es darum geht, gute Vertriebsmitarbeiter zu gewinnen. Für Unternehmen bedeutet dies: Vermeidung von Fehleinstellungen, Senkung der Kosten und vor allem Verbesserung der Verkaufsleistungen. Hinter dem verkaufsorientierten Personalmanagementansatz verbirgt sich das Prinzip, dass erfolgreiches Personalrecruiting und erfolgreiches Vertriebsmanagement zwei Seiten derselben Medaille sind.

Es ist Zeit, in diesem Sinne umzudenken und neue Wege einzuschlagen. Erste Ansätze gibt es bereits im akademischen Alltag. So hat die neuartige Hochschule der Wirtschaft für Management nicht zuletzt aufgrund der oben genannten Personalengpässe einen Studiengang „Beratung und Vertriebsmanagement" entwickelt, um Unternehmen zukünftig mehr akademisch ausgebildetes Beratungs- und Vertriebspersonal anbieten zu können. Aus der Praxis heraus wissen wir Lehrenden, dass schon hier, bei der Ausbildung, die richtigen Weichen gestellt werden müssen: Als wohl erste Hochschule in Deutschland setzen wir darum bereits bei der Bewerberauswahl das Profiling-Instrument ProfileXT®[1] ein, um genau die Fehler zu vermeiden, die Nilgün Aygen den Unternehmen aufzeigt, die die Bewerberauswahl nicht sorgfältig genug vornehmen.

---

[1] ProfileXT® ist eine registrierte Marke und im Folgenden vereinfacht ohne Markenzeichen genannt. Alle Markenrechte liegen bei der Firma Profiles International Inc., Waco, Texas, USA.

An den Hochschulen lautet dieser Fehler „Studienabbruch". Das Hochschul-Zulassungsinstrument „e-Profiling" wurde gerade für den verkaufsrelevanten Studiengang „Beratung und Vertriebsmanagement" von der Akkreditierungsagentur FIBAA als überdurchschnittlich positiv bewertet. Für mich ist das kein Zufall, denn bisher sind die meisten alternativen Auswahlinstrumente bestenfalls rudimentär geeignet, um Menschen mit den spezifischen Fähigkeiten und der erforderlichen Motivation für den Vertrieb herauszufiltern. Ein wichtiger Verdienst der Autorin ist es, nicht nur die Auswahl selbst – vom effizienten Lesen von Lebensläufen bis hin zu effektiven Interview-Fragekaskaden, die ich in dieser ebenso umfassenden wie kompakten Form noch kaum je gefunden habe – zu behandeln.

Nilgün Aygen legt einen umfassenden Rekrutierungsleitfaden für Vertriebspositionen vor, der thematisch von den tatsächlichen hohen Kosten von Fehlbesetzungen über das effiziente Verfassen von Stellenbeschreibung und Anforderungsprofil über Multi-Channel-Rekrutierungsinstrumenten bis hin zu wirklich kreativen Anwerbestrategien und geeigneten Auswahlinstrumenten reicht. Der gesamte Prozess der Rekrutierung nach Verkaufsprinzipien wird abgedeckt.

Das vorliegende Buch vermittelt Personalverantwortlichen in vertriebsorientierten Unternehmen nicht nur wichtige Informationen und Grundlagen, sondern wird sich seinen Platz als Nachschlagewerk in der vorderen Regalreihe mit Sicherheit auf Jahre bewahren. Auch wer sich nur für einzelne Aspekte interessiert, wie zum Beispiel für die effiziente Interviewtechnik oder das Schalten von Anzeigen, die ansprechender sind als der Mainstream, kann aus den hier genannten Beispielen lernen und sein Wissen mit überschaubarem Zeitaufwand erweitern. Jedes Kapitel ist für sich interessant und kann unabhängig von den anderen Kapiteln gelesen werden. Das vorliegende Buch dient sowohl als Einführung in die gesamte Bandbreite der Personalberatung als auch der Reflektion über das vertriebsorientierte Management von Vertriebsführungspersonen.

Prof. Dr. Franz Egle
Gründungspräsident
Hochschule der Wirtschaft für Management, Mannheim

▌ INHALTSVERZEICHNIS ▌

1. Auf die richtigen Mitarbeiter kommt es an

Wenn ich mich mit neuen Kunden unterhalte, höre ich fast immer die gleichen Klagen:

- ▶ „Wir hatten 15 Kandidaten und nur drei konnten wir in die engere Wahl ziehen."
- ▶ „Unser Unternehmen würde gern mehr Personal einstellen, aber wir finden einfach keine geeigneten Bewerber."
- ▶ „Was soll ich mit Assessments anfangen? Ich habe viel zu wenig Kandidaten, zwischen denen ich wählen kann."
- ▶ „Schlimmer als die Flops, die man gleich am Anfang erkennt, sind diejenigen, die auf Dauer gerade so durchkommen."

Kennen Sie solche Schwierigkeiten auch? Es sind alltägliche Beispiele, die den Mangel an leistungsstarken Vertriebsmitarbeitern in vielen Unternehmen beschreiben. Seit 20 Jahren arbeite ich in der Eignungsdiagnostik und im Profiling. Immer wieder höre ich die gleichen Lamenti über schlechte Vertriebsperformance, zu wenig Bewerber, ungeeignete Kandidaten und mangelnde Verkaufskompetenz eingestellter Mitarbeiter. Fehlbesetzungen eben – und darunter verstehe ich ausdrücklich nicht nur jene Mitarbeiter, die bereits innerhalb der Probezeit ausscheiden, sondern auch diejenigen, die auf Dauer deutlich unter den Erwartungen bleiben. Beide verursachen enorme Kosten. Als Faustregel rechnet man heute ein bis drei Jahresgehälter pro Fehlbesetzung. Je nach Branche können die Kosten durch verpasste Chancen und verlorene Kunden jedoch weit höher liegen und sogar ganze Firmen ruinieren.

Personalfluktuation und Fehlbesetzungen sind kein Zufall, sondern haben Ursachen, die erkannt und beseitigt werden müssen. Sie lernen in diesem Buch praxiserprobte Werkzeuge kennen – Werkzeuge, die zum einen für die Rekrutierung von Mitarbeitern im Vertrieb einsetzbar und zum anderen für den Verkaufserfolg wichtig sind. Angesichts des erhöhten Wettbewerbsdrucks, des demografischen Wandels und des Mangels an Fachkräften ist es höchste Zeit für eine Neuausrichtung.

Dieses Buch ist aus der Praxisperspektive geschrieben und basiert auf zwanzigjähriger Erfahrung im Bereich Rekruiting und Profiling. Primär richtet es sich an Führungskräfte in Vertriebs- und Personalabteilungen. Es erweist sich aber auch als überaus nützlich für alle, die an anderer Stelle Fehlbesetzungen vermeiden und Produkte oder Dienstleistungen erfolgreicher verkaufen wollen. Ein Hinweis noch zur Form: Aus Vereinfachungsgründen spreche ich im Folgenden von Verkäufern, Mitarbeitern und Managern in der grammatikalischen männlichen Form. Frauen und Männer sind jedoch gleichermaßen gemeint. Darüber hinaus spreche ich verschiedentlich die Kontaktaufnahme des Vertriebsmitarbeiters zu (potenziellen) Kunden an. Dabei setzte ich in allen Fällen voraus, dass diese Kontaktaufnahme auf der Grundlage der jeweils aktuellen gesetzlichen Rahmenbedingungen erfolgt. Auf diese gehe ich im vorliegenden Buch nicht ein.

Ziel dieses Buches ist es, Sie dabei zu unterstützen, Ihren Einstellungsprozess so zu verbessern, damit Sie

▶ Ihren Verkaufsumsatz mit Top-Leuten steigern,
▶ Fehleinstellungen minimieren,
▶ die Arbeitseinstellung und -motivation Ihres Teams verbessern.

Sie erhalten wichtige Werkzeuge, um diese Ziele zu erreichen:

▶ Sie lernen sehr exakt zu definieren, wer die geeigneten Vertriebsmitarbeiter für Ihr Unternehmen sind, sodass Sie von Beginn an richtig fokussieren.
▶ Sie erhalten kreative Ideen, um die für Ihr Unternehmen geeigneten Verkaufstalente anzusprechen.
▶ Sie erwerben das erforderliche Hintergrundwissen, um die richtigen Leute zu identifizieren und sie an den richtigen Stellen einzusetzen.
▶ Sie bekommen objektive Beurteilungskriterien, um Ihre Einstellungsentscheidungen abzusichern.

Wenn Sie diese Werkzeuge und Informationen verinnerlicht haben, werden Sie umfassend verstehen, wie die richtige Einstellungstechnik mit der richtigen Verkaufstechnik korrespondiert.

1.1. Was macht Unternehmen erfolgreich?

Wenn ich in meinen Workshops frage: „Was macht Unternehmen erfolgreich?", dann höre ich oft Folgendes: „Ein attraktives, marktfähiges Produkt" oder „eine nützliche Dienstleistung", „Forschung und Entwicklung", „effizientes Marketing", „Markenbekanntheit", „effiziente Verkaufsstrategien", „ein vorteilhaftes Kosten-Gewinn-Verhältnis", „schlanke Organisation", „guter Kundendienst". Alles richtig, aber die wichtigste Voraussetzung wird oft gar nicht oder erst am Schluss genannt:

Sie sind nur dann erfolgreich,
wenn Sie das richtige Personal einstellen.

Ich bin überrascht, dass selbst international renommierte Unternehmen den Rekrutierungsbereich häufig vernachlässigen. Dabei liegt es doch auf der Hand: Ohne geeignete Mitarbeiter werden Sie auf Dauer nicht am Markt bestehen. Das klingt banal, doch zeigt die Praxis, dass genau hier oftmals der Schlüssel für Erfolg oder Scheitern eines Unternehmens liegt.

Man sollte nun meinen, dass das Management jedes Unternehmens alle Kräfte daran setzt, um die talentiertesten und engagiertesten Mitarbeiter - insbesondere im Vertrieb - zu gewinnen. Die meisten Führungskräfte, die zu mir in die Beratung kommen, sind der Meinung, dass sie diese Priorisierung bereits vornehmen. Doch die Praxis sieht sehr häufig anders aus. Es werden unnötige Rekrutierungs- und Einstellungsfehler gemacht, deren Folgen die Kosten steigern und den Umsatz drücken. Wie ist das möglich? Untersuchungen zeigen doch immer wieder: Wenn Unternehmen keinen Erfolg haben, liegt das so gut wie immer an mangelndem Umsatz. Der in Amerika sehr bekannte Verleger Arthur „Red" Motley hat diese Tatsache einmal unmissverständlich auf den Punkt gebracht:

„Es geht nur voran,
wenn jemand etwas verkauft."

Verkaufen ist der Motor, der Ihr Geschäft antreibt. Oder anders ausgedrückt: Der Vertrieb ist das Herz Ihres Unternehmens. Auch wenn Sie nicht direkt mit dem Vertrieb zu tun haben, sind Sie direkt oder indirekt mit dem Verkauf verbunden. Der Verkauf von Produkten oder Dienstleistungen wirkt sich auf nahezu alle Geschäftsbereiche aus. Ein paar Beispiele:

▶ Hätte ein Ingenieur einen Grund, etwas neu zu erfinden, wenn es niemanden gäbe, der es verkauft?
▶ Hätte ein Sachbearbeiter einen Arbeitsplatz, wenn niemand draußen beim Kunden die Produkte oder Dienstleistungen des Unternehmens verkauft?
▶ Gäbe es Arbeit für einen Bauarbeiter, wenn nicht ein Projektentwickler die Idee dieses Bauprojekts an einen Bauherren verkauft hätte?

Diese Beispiele zeigen, wie bedeutend der Vertrieb für die Wirtschaft überall auf der Welt ist. Verkäufer sind die Triebkräfte in Unternehmen und Organisationen. Es sind die Mitarbeiter, die wirklich etwas bewegen. In den Augen der Verbraucher sind sie das Gesicht des Unternehmens. In den Augen der Investoren oder Aktionäre sind sie der Teil der Maschinerie, die Gewinn erwirtschaftet.

Sie werden mir sofort zustimmen, dass ein starkes Vertriebsteam einer der entscheidenden Faktoren für das Leben eines Unternehmens ist - insbesondere in schwierigen wirtschaftlichen Zeiten.

Umgekehrt heißt das natürlich, dass ein schwaches Verkaufsteam einer der entscheidenden Faktoren für den Untergang eines Unternehmens ist.

Tatsache ist, dass in vielen Vertriebsabteilungen die sogenannte Pareto-Regel die Verhältnisse zwischen Leistungsträgern und der Mehrheit der Mitarbeiter recht zutreffend abbildet. Der italienische Ökonom Vilfredo Pareto hatte bereits im 19. Jahrhundert erkannt, dass in vielen Märkten ein Großteil der Aktivitäten auf einen Bruchteil der Akteure entfällt. Eine entsprechende statistische Verteilung, so wissen wir heute, findet sich in vielen Lebensbereichen. Übertragen auf den Vertrieb ergeben Analysen ebenfalls sehr häufig, dass nur rund 20 Prozent der Vertriebsmitarbeiter sehr engagiert arbeiten und vielfach bis zu 80 Prozent des Umsatzes erwirtschaften. Sie sind die Erfolgsträger. Die Masse, im Mittel sind das so um die 60 Prozent, bringt nur sehr durchschnittliche Leistungen und 20 Prozent sind leistungsschwach oder sogar kontraproduktiv.

Als Folge dieser nicht optimalen Leistungen ist zu beobachten, dass viele Unternehmen eine Maßnahme nach der anderen starten, von neuen Incentive-Regelungen bis hin zu zahllosen Trainings, um diese unproduktiven Verkäufer endlich leistungsstärker zu machen. Immer und immer wieder investieren Firmen Zeit, Geld und Energie, um das Problem in den Griff zu bekommen.

Demensprechend durchlaufen Vertriebsmitarbeiter kontinuierlich Trainings, Seminare, Coachings, Workshops und Incentive-Programme. Verstehen Sie mich bitte richtig: Alle diese Programm sind wichtige Werkzeuge, um die Verkaufseffizienz zu steigern. Nur: Leistungen steigern zu können, setzt voraus, dass die Mitarbeiter ein entsprechendes Potenzial haben. Ist das nicht der Fall, werden alle Ihre Bemühungen vergebens sein. Ich vergleiche die Situation gern mit einem Tierbild. Es ist so, als wollten Sie aus einer Ente einen Adler machen. Auch mit allergrößten Bemühungen wird Ihnen das nicht gelingen. Auch mit dem besten Training nicht. Trotzdem wird Ähnliches in vielen Vertriebsabteilungen versucht. Es kann nicht oft genug betont werden, dass dabei das Element unberücksichtigt bleibt, das am allerwichtigsten ist, um ein Verkaufsteam zu beschäftigen, das Höchstleistungen erbringt:

Am wichtigsten ist es, geeignete Mitarbeiter einzustellen.

Ich sagte es schon: Das scheint eine Binsenweisheit zu sein, die man als selbstverständlich voraussetzen würde. In der Praxis allerdings stelle ich immer wieder fest, dass viele Unternehmen die wenigste Zeit für den Einstellungsprozess verwenden und die meiste dann im Nachhinein für Versuche, schwache Mitarbeiter später doch noch zu mehr Leistung zu bringen. Das kann nicht funktionieren, denn:

Wir sprechen hier nicht von Einzelfällen. In den zwei Jahrzehnten, die ich Unternehmen bei der Personalauswahl und Einstellung nun schon begleite, sind mir im Prinzip immer wieder die gleichen Fehler und Mängel begegnet. Oft passieren diese Fehler unbewusst, sodass meine Kunden nach der Analyse selbst über ihre eigene Praxis überrascht sind. Mit meinem Buch möchte ich nicht nur meinen Kunden, sondern allen Lesern einfache, aber wirksame Werkzeuge an die Hand geben, mit denen sie ihren Einstellungsprozess optimieren können.

Ich habe noch niemanden getroffen, dem nicht theoretisch die Bedeutung vorausschauender Einstellungspraxis klar wäre. Ein Unternehmer brachte diese Tatsache kürzlich in einer Diskussionsrunde auf den Punkt: „Wenn ich mir für die Einstellung nicht wenigstens vier Stunden Zeit nehme, kostet mich das später in der Regel mindestens 40 Stunden (wenn nicht mehr), um diesen Fehler zu korrigieren." Es gab niemanden, der ihm widersprach.

Investieren Sie Zeit, bevor der Mitarbeiter eingestellt wird!

Wichtig zu bemerken ist an dieser Stelle, dass die Bedeutung effizienter Einstellungspraxis theoretisch ja durchaus erkannt wird. Praktisch hingegen wissen viele Führungskräfte nicht, wie effiziente und auf ihr Unternehmen exakt angepasste Rekrutierung im Detail aussehen müsste - oder wie man dieser zentralen Führungsaufgabe hinreichend Priorität im Unternehmen einräumt. So läuft es im Alltag oft darauf hinaus, dass die Personalabteilung oder „erfahrene Mitarbeiter" das Anwerben und nicht selten sogar die Einstellung in die Hand nehmen.

Dementsprechend werden viele Vertriebsmitarbeiter nach wie vor auf Basis von „Bauchgefühl", eingeschränkten Interview-Fähigkeiten oder der Meinung Dritter darüber, was für den Vertrieb wichtig wäre, eingestellt. In der Tat funktioniert diese „Strategie" zuweilen, allerdings eher zufällig. Mehrheitlich jedoch führt sie dazu, dass das Management sich mit Mitarbeitern befassen muss, die ineffektiv und unmotiviert arbeiten. Diesen Mitarbeitern mangelt es an den Fähigkeiten, der Motivation und der Persönlichkeit, um erfolgreich zu verkaufen.

Bevor dieses Buch für Sie hilfreich sein kann, müssen Sie ebenfalls etwas Zeit aufwenden, um die grundlegenden Prinzipien zu verstehen - und sie dann in die Praxis umsetzen. Die Zeit ist gut investiert, denn das hier vorgestellte Konzept funktioniert zuverlässig und sicher. Die Prinzipien werden Ihnen und Ihren Kollegen schon bald in Fleisch und Blut übergehen - und sehr viel Zeit sparen. Die Zeit nämlich, die Sie früher damit verbracht haben, unproduktive Verkäufer, die mithilfe unzureichender Einstellungsmethoden in Ihr Unternehmen gelangt sind, doch noch zu mehr Leistung zu bringen. Mit den hier dargestellten Strategien und Werkzeugen werden Sie Ihre Zeit künftig effizienter nutzen und von Anfang an richtige Einstellungsentscheidungen treffen.

1.2. Einstellen funktioniert wie erfolgreich verkaufen

Das erste Grundprinzip, das ich Ihnen in diesem Buch näher bringen möchte, weist bereits darauf hin, wie eng Einstellungsprozess und Verkaufen miteinander verzahnt sind. Genauer gesagt:

> Der Einstellungsprozess folgt den gleichen Prinzipien wie der Verkaufsprozess.

Wenn ich mit meinen Kunden an diesem Punkt starte, blicke ich nicht selten in überraschte Gesichter. Genau in diesem Prinzip aber liegt der Schlüssel für Ihren Erfolg: Das Anwerben und Einstellen von Verkäufern bedarf der Anwendung der gleichen Prinzipien wie denjenigen, die Sie zugrunde legen, wenn Sie verkaufen. Weil das so ist, gibt es keinen Grund, warum ein guter Verkaufsleiter nicht auch exzellent Personal rekrutieren könnte. Alles, was Sie lernen müssen, ist, von Anfang an die richtigen Leute einzustellen, indem Sie konsequent Verkaufstechniken anwenden.

Damit wir uns richtig verstehen: Das soll nicht heißen, dass die Personalabteilung nicht eine wichtige Rolle im Bewerbungs- und Einstellungsverfahren spielen soll. Tatsächlich ist das Gegenteil der Fall. Die Zusammenarbeit von Personal- und Verkaufsabteilung sollte die Basis für eine effiziente Einstellungspraxis sein.

Dieses Buch ist nicht nur für den Vertrieb geschrieben, sondern ist ausdrücklich auch als Unterstützung für Personalabteilungen gedacht. Sowohl der Vertrieb als auch die Personalabteilungen verfügen beide über enormes Wissen, das aber sehr unterschiedlich ist. Um den Einstellungsprozess auf ein neues Level zu heben, müssen beide Wissenspools zusammengebracht werden.

In meiner Beratungspraxis stelle ich immer wieder einen sehr schönen Effekt fest. Wenn die Personalabteilung versteht, wie erfolgreiche Verkäufer „ticken" - und umgekehrt -, verbessert dies die Qualität der Zusammenarbeit zwischen beiden Abteilungen erheblich. Um in einem immer stärker umkämpften Arbeitnehmermarkt die besten Talente zu erkennen, auszuwählen und für sich zu gewinnen, bedarf es notwendigerweise sowohl exzellenten Verkaufswissens als auch detaillierter Personalmanagement-Kenntnisse.

Dieses Wissen zusammenzubringen ist eine der wichtigsten Managementaufgaben überhaupt. In diesem Zusammenhang ist folgende Übersicht aus unserer Profiles-International-Studie für Deutschland, „Strategische Personalauswahl im Vertrieb. Profiles-Umfragen 2011", zu sehen, an der rund 170 Vertriebsführungskräfte teilgenommen haben. Die Tabelle zeigt ganz klar: Rekrutierung ist Chefsache. Gleichzeitig wird aber auch der Vertriebsabteilung eine sehr hohe Einstellungskompetenz zugeschrieben. Daraus folgt: Entscheidungen sollten in enger Zusammenarbeit mit der Vertriebsabteilung erfolgen.

Tabelle 1:   Einstellungskompetenz

	1 Rang	2 Rang	3 Rang	Mittelwert	Höhere Kompetenz
Vertriebsabteilung	55%	24%	18%	1,57%	↑
Geschäftsführung	41%	36%	19%	1,71%	
Personalabteilung	10%	38%	44%	2,17%	

QUELLE UND COPYRIGHTS: VERTRIEBSSTUDIE 2011, PROFILES GMBH, FRANKFURT/M.

Konflikte zwischen Personalabteilung und Vertrieb

Leider gibt es in vielen Unternehmen Spannungen oder sogar ernste Konflikte zwischen Personal- und Verkaufsabteilungen, wenn es um Einstellungen geht. Meistens geht es um eines der folgenden „klassischen" Themen:

Die Personalabteilung

▶ bemängelt, dass die Vertriebsleitung dazu neigt, Einstellungsentscheidungen vom Bauchgefühl abhängig zu machen, anstatt auf objektiver Basis Stärken und Schwächen potenzieller Kandidaten objektiv zu evaluieren.

▶ kritisiert, dass der Fokus des Vertriebs zu stark auf originären Verkaufstalenten liegt, während weitere Fähigkeiten, Motivation und Persönlichkeitseigenschaften vernachlässigt werden, die ebenso wichtig sind, um effektiv zu sein.

Die Verkaufsabteilung

▶ beklagt, dass der Einstellungsprozess zu langsam verläuft, sodass gute Kandidaten abspringen, da das Unternehmen nicht schnell genug reagiert.

▶ kritisiert, dass die Personalrekrutierungs-Methoden zu theoretisch und nicht praxisorientiert genug seien.

Dieses Buch zeigt auf, wie diese Art von Konflikten auf zwei Weisen gelöst werden können:

1. Dem Verkaufsmanagement werden die nötigen Techniken vermittelt, um potenzielle neue Mitarbeiter objektiv zu beurteilen. Dies führt zu einem besseren Verständnis des Personalmanagement-Prozesses.

2. Die Personalabteilung wird in den auf das Verkaufen fokussierten Einstellungsprozess eingeführt. Dadurch wird die Vertriebstätigkeit als solche besser verstanden.

1.3. Sparen Sie Zeit und Geld

Ziel ist es, Unternehmen möglichst vor Fehlbesetzungen zu bewahren und so die extrem hohen Kosten zu minimieren, die mit hoher Mitarbeiterfluktuation und vor allem mit mangelnder Produktivität verbunden sind. Unter Fehlbesetzungen verstehe ich das Einstellen von Mitarbeitern,

▶ die sich bereits innerhalb der Probezeit als Fehlgriff herausstellen,

▶ die nach kurzer Zeit selbst kündigen oder gekündigt werden müssen,

▶ sogenannte Kurzfrist- oder „Probezeitleister", die lediglich innerhalb der Probezeit engagiert arbeiten,

▶ alle, die auf Dauer nicht die gewünschten Ergebnisse erzielen.

Immer wenn ein Unternehmen einen guten Verkäufer verliert, sind damit hohe Kosten bzw. Verluste verbunden, und zwar insbesondere hinsichtlich der wertvollsten Ressourcen Zeit und Geld. Wenn ein falscher Mitarbeiter bleibt, sind die Kosten vielfach sogar noch höher. Sicher, mit Schulungen und Coachings lässt sich einiges erreichen, aber wie gesagt, kann man aus einer Ente keinen Adler machen. Schauen wir uns diese Folgen doch einmal genauer an. Grundsätzlich verursachen Fehlbesetzungen Verluste in Bezug auf Zeit und Geld.

▶ *Zeit*: Es kostet Zeit, Mitarbeiter zu finden, einzustellen, einzuarbeiten und so weit zu trainieren, bis sie eine vakante Stelle vollständig ausfüllen können. Fehlbesetzungen kosten in vielerlei Hinsicht noch mehr Zeit: Sei es, um die jeweiligen Mitarbeiter speziell zu coachen, um Rettungsaktionen zu starten oder um neu zu akquirieren. Aber wessen Lebenszeit geht dadurch für immer verloren? Meist ist es Führungszeit - die Sie besser anders hätten nutzen können.

▶ *Geld*: Kandidaten anzuwerben kostet Geld. Aus meiner langjährigen Erfahrung kann ich sagen, dass eine Fehlbesetzung das Ein- bis Dreifache eines Jahresgehaltes kostet. Einige Unternehmens- und Strategieberatungsunternehmen gehen von sogar von noch höheren Kosten aus.

Diese enormen Kosten kommen schnell zusammen, weil man neben den direkten Personalkosten, also den sechs (Probezeit) bis zwölf Monatsgehältern und Sozialaufwendungen auch Gemein- und Nebenkosten hinzurechnen muss. Diese werden oftmals von anderen Kostenstellen im Betrieb getragen und in der Regel nicht direkt den Gehaltskosten zugerechnet. Hierzu zählen unter anderem Kosten für Anzeigenschaltung und Gestaltung.

Zur Gesamtrechnung gehören ebenfalls die Kosten für das Bewerbermanagement sowie den internen Personaleinsatz für Personalabteilung und Fachvorgesetzte, die Sie benötigen, um die vielen Bewerbergespräche zu führen. Es ist keine Seltenheit, dass bis zu drei Auswahlgespräche pro Kandidat geführt werden. Hinzu kommen üblicherweise Reisekostenerstattungen für die eingeladenen Kandidaten. Bei Vertriebsorganisationen ist es darüber hinaus üblich, dass Bewerbertage durchgeführt werden. Nicht selten werden bei Führungskräften Einzel- oder Gruppen-Assessments durchgeführt. Abhängig vom gewählten Prozedere fallen in vielen Fällen Kosten für interne und externe Trainer und Coaches an. Zu guter Letzt kann es vorkommen, dass Personalberater involviert sind.

Ein weiterer Aspekt, der auf keinem Fall zu unterschätzen ist, sind die Trennungskosten, die - besonders ärgerlich - oft schon nach Beendigung der Probezeit entstehen und die nicht selten mit Gehaltszahlungen für eine meist weniger produktive Kündigungszeit und oft sogar mit der Zahlung von Abfindungen enden. Zudem besteht das Risiko gerichtlicher Auseinandersetzungen. Etliche Personalleiter verbringen einen großen Teil ihrer Zeit mit arbeitsrechtlichen Auseinandersetzungen. Die Anwaltskosten, die daraus entstehen, brauchen wohl kaum noch erwähnt zu werden.

Nicht jede Fehleinstellung endet vor Gericht. Die Erfahrung zeigt aber, dass falsches Personal mit einer erhöhten Wahrscheinlichkeit dazu neigt, falsche Entscheidungen zu treffen. Diese können unter Umständen zu Kundenverlust, ungünstigen Verträgen oder auch zu Strafzahlungen führen. Dieses Risikopotenzial ist oftmals nicht in Zahlen abschätzbar. Trotzdem möchte ich Ihnen die Dimensionen, um die es geht, beispielhaft verdeutlichen.

1.3.1. Reduzieren Sie Ihre Fehlbesetzungsquote!

In den Abbildungen 1 und 2 sehen Sie exemplarisch, welche Kosten durch Fehlbesetzungen im Jahr entstehen können und welche Einsparung durch die Reduzierung der Fehlbesetzungsquote erzielt werden kann.

Ich habe bewusst ein einfaches Beispiel mit überschaubaren Zahlen gewählt, obwohl ich mir durchaus im Klaren bin, dass aus Marketingsicht ein Beispiel mit mehr Mitarbeitern und höheren Beträgen noch eindrucksvoller gewesen wäre.

Zu Abbildung 1: In diesem Beispiel der Mustermann AG gehen wir davon aus, dass 20 Verkäufer beschäftigt sind. Nach dem allgemein anerkannten Pareto-Prinzip sollten demnach 20 Prozent von ihnen Leistungsträger sein. Unter der Annahme, dass 60 Prozent der Verkäufer sich im mittleren Segment bewegen, können wir davon ausgehen, dass rund 20 Prozent der Verkäufer demnach leistungsschwach bzw. Fehlbesetzungen sind.

Die hier zur Veranschaulichung benutzten Angaben in der Abbildung spiegeln lediglich objektiv messbare und übliche Kostenpunkte wider. Auch die genannten Beträge sind nur exemplarisch zu verstehen. Tatsächliche Kosten können in der Praxis deutlich abweichen - meistens sind die echten Kosten sehr viel höher. Der Einfachheit halber habe ich kostenrelevante Punkte wie Opportunitätskosten durch geringere Leistung oder verlorenen Umsatz, sowie mögliche Trennungskosten hier bewusst nicht aufgeführt. Diese müssten folgerichtig noch zu den Kosten addiert werden. Auf die Opportunitätskosten gehe ich im nächsten Schritt ein.

Wie Sie der Abbildung 1 in der Position „Fehlbesetzungskosten im Berichtszeitraum" entnehmen können, entstehen durch vier Fehlbesetzungen (unter der Annahme, dass die Fehlbesetzungen nicht länger als sechs Monate im Unternehmen beschäftigt sind) im Jahr insgesamt Kosten in Höhe von 142.000 Euro.

Abbildung 1: Fehlbesetzungskosten für sechs Monate

Firmennamen:	**Mustermann AG**

Abteilung / Position:	**Verkäufer**	Mitarbeiter in der Abteilung	**20**

Monatliches Bruttoeinkommen:	**2.500,00 €**
Provision/Bonus:	0,00 €
30% Sozialaufwendungen und Gehaltsnebenkosten:	750,00 €
Kosten des Arbeitsplatzes inkl. Büromiete und Telefon:	250,00 €
Dienstwagen / Reisekosten / Auslagen:	750,00 €
SUMME MONATSAUFWENDUNGEN:	**4.250,00 €**

Kosten der Bewerbergewinnung

Anzeigenkosten:	2.500,00 €
Personalberaterkosten:	
Allg. Einstellungskosten: (Telefon, Porto, Schriftverkehr, Vertragsgestaltung)	300,00 €
Kosten für Bewerbertag oder Assessment-Center: (inkl. interne und externe Berater, Reise- und Hotelkosten)	1.000,00 €
Personalabteilung, Fachabteilung, Geschäftsleitung (interne Kosten für Bewerbermanagement und bis zu 3 Interviews)	1.200,00 €

Kosten der Einarbeitung

Ausbildungskosten:	4.000,00 €
Interne Personalkosten: (Einführung, Unterweisung, Training)	1.000,00 €
GESAMTSUMME EINSTELLUNGSKOSTEN:	**10.000,00 €**

Anzahl der Fehlbesetzungen bzw. Fluktuation:	**4**
Anteil in % an der Beschäftigtenzahl:	20,00%
Beschäftigungsdauer in Monaten (z. B. Probezeit):	**6**
Kosten der Fehlbesetzungen bzw. Fluktuation je. Mitarbeiter:	35.500,00 €
FEHLBESETZUNGSKOSTEN IM BERICHTSZEITRAUM:	**142.000,00 €**

Reduzierung der Fehlbesetzung bzw. Fluktuation

Bei Reduzierung der Fehlbesetzung um:	Neue Anzahl der Fehlbesetzung bzw. Fluktuation:	Neue Fehlbesetzungskosten im Jahr:	Mögliche Einsparung im Jahr:
1	3	106.500,00 €	**35.500,00 €**
2	2	71.000,00 €	**71.000,00 €**
3	1	35.500,00 €	**106.500,00 €**
4	0	0,00 €	**142.000,00 €**

Abbildung 2: Fehlbesetzungskosten für zwölf Monate

Firmennamen:	**Mustermann AG**

		Mitarbeiter in der Abteilung	
Abteilung / Position:	**Verkäufer**		**20**

Monatliches Bruttoeinkommen:	2.500,00 €
Provision/Bonus:	0,00 €
30% Sozialaufwendungen und Gehaltsnebenkosten:	750,00 €
Kosten des Arbeitsplatzes inkl. Büromiete und Telefon:	250,00 €
Dienstwagen / Reisekosten / Auslagen:	750,00 €
SUMME MONATSAUFWENDUNGEN:	**4.250,00 €**

Kosten der Bewerbergewinnung

Anzeigenkosten:	2.500,00 €
Personalberaterkosten:	
Allg. Einstellungskosten: (Telefon, Porto, Schriftverkehr, Vertragsgestaltung)	300,00 €
Kosten für Bewerbertag oder Assessment-Center: (inkl. interne und externe Berater, Reise- und Hotelkosten)	1.000,00 €
Personalabteilung, Fachabteilung, Geschäftsleitung (interne Kosten für Bewerbermanagement und bis zu 3 Interviews)	1.200,00 €

Kosten der Einarbeitung

Ausbildungskosten:	4.000,00 €
Interne Personalkosten: (Einführung, Unterweisung, Training)	1.000,00 €
GESAMTSUMME EINSTELLUNGSKOSTEN:	**10.000,00 €**

Anzahl der Fehlbesetzungen bzw. Fluktuation:	**4**
Anteil in % an der Beschäftigenzahl:	20,00%
Beschäftigungsdauer in Monaten:	**12**
Kosten der Fehlbesetzungen bzw. Fluktuation je. Mitarbeiter:	61.000,00 €
FEHLBESETZUNGSKOSTEN IM BERICHTSZEITRAUM:	**244.000,00 €**

Reduzierung der Fehlbesetzung bzw. Fluktuation

Bei Reduzierung der Fehlbesetzung um:	Neue Anzahl der Fehlbesetzung bzw. Fluktuation:	Neue Fehlbesetzungskosten im Jahr:	Mögliche Einsparung im Jahr:
1	3	183.000,00 €	**61.000,00 €**
2	2	122.000,00 €	**122.000,00 €**
3	1	61.000,00 €	**183.000,00 €**
4	0	0,00 €	**244.000,00 €**

Wenn wir hingegen – wie in Abbildung 2 – von vollen zwölf Monaten Beschäftigung (also von einem ungekündigten Arbeitsverhältnis) ausgehen, wären die Kosten schon bei 244.000 Euro. Ich betone: Diese Summe entsteht bei lediglich vier Fehlbesetzungen zu einem Monatseinkommen von rund 2.500 € brutto je Mitarbeiter. Durch jede Fehlbesetzung, die das Unternehmen vermeidet, könnten bei sechsmonatiger Verweildauer mehr als 35.500 Euro, bei einer Verweildauer von zwölf Monaten sogar 61.000 Euro pro Personal-Fehlentscheidung gespart werden.

Wenden wir uns nun einem weiteren wichtigen Kostenblock zu: den enormen Opportunitätskosten, die durch die verminderten Arbeitsleistungen auf fehlbesetzten Positionen entstehen können.

1.3.2. Bedenken Sie auch die Opportunitätskosten!

Zum ganzheitlichen Verständnis der finanziellen Konsequenzen von Fehleinstellungen möchte ich Ihnen ein kleines Beispiel von anfallenden Opportunitätskosten in einer Vertriebsmannschaft aufzeigen. Angenommen, wir hätten ein Team von zehn Verkäufern, die insgesamt einen Umsatz von 1.000.000 Euro erzielen würden. Durchschnittlich wären dies 100.000 Euro pro Verkäufer und Jahr. Diese gleichmäßige Verteilung gibt es in der Realität jedoch nicht.

Auf Basis aktueller Studien zu diesem Thema müssen wir in der Praxis von folgenden Eckdaten ausgehen:

Ein durchschnittlicher Verkäufer leistet ca. 32 Prozent mehr
als ein schwacher Verkäufer.
Ein leistungsstarker Verkäufer leistet ca. 32 Prozent mehr
als ein durchschnittlicher Verkäufer.

Zusätzlich ist es sehr wahrscheinlich, dass wir nach der „Normalverteilung"[1] folgende Mitarbeitereinstufung vornehmen können:

20 % Top-Verkäufer	also	2 Mitarbeiter
60 % Mittel-Verkäufer	also	6 Mitarbeiter
20 % Low-Verkäufer	also	2 Mitarbeiter

Ausgehend von einer praxisrelevanten Darstellung würden sich die durchschnittlichen 100.000 Euro Umsatz je Mitarbeiter demnach wie folgt darstellen:

---

[1]   Verstehen Sie das Wort „Normalverteilung" hier bitte als einen Fakt, der sich aus der Praxis und der Verteilung der Leistungsdaten ergibt. Es kann nicht häufig genug darauf hingewiesen werden, dass die angebliche „Normalverteilung" alles andere als normal sein sollte.

⏩ BEISPIEL:

Jeweils 132 Prozent für die zwei Top-Verkäufer:

$$2 \times 132.000 \text{ Euro} = 264.000 \text{ Euro}$$

Jeweils 100 Prozent für die sechs Mittel-Verkäufer:

$$6 \times 100.000 \text{ Euro} = 600.000 \text{ Euro}$$

Jeweils 68 Prozent für die zwei schwachen Verkäufer

$$2 \times 68.000 \text{ Euro} = 136.000 \text{ Euro}$$

$$\text{Gesamtumsatz} = 1.000.000 \text{ Euro}$$

Wie Sie diesem Beispiel entnehmen können, sind die beiden Leistungsträger in der Lage, einen Umsatz von jeweils 132.000 Euro anstatt – wie in der ursprünglichen Rechnung – von durchschnittlich 100.000 Euro zu leisten. Geht man davon aus, dass Sie stattdessen insgesamt zehn Top-Verkäufer hätten, würde sich folgende Rechnung ergeben:

⏩ BEISPIEL:

10 Mitarbeiter à 132.000 Euro = 1.320.000 Euro Umsatz

In diesem Beispiel hätten wir demnach Opportunitätskosten von 320.000 Euro fehlendem bzw. entgangenem Umsatz.

Natürlich stellt diese Berechnung mit zehn Top-Verkäufern einen Idealfall dar. Es ist in der Praxis sehr schwer erreichbar, dass alle Mitarbeiter gleichermaßen Leistungsträger sind. Aber auch hier könnten Sie in diesem Beispiel schon 32.000 Euro mehr Umsatz generieren, wenn Sie anstelle eines schwachen Verkäufers zumindest einen durchschnittlichen Verkäufer einsetzen würden. Der aufwändige – und oft nicht nachhaltige – Weg besteht darin, die Leistung der Schwachen durch stetiges Training und Coaching zu steigern.

Zufriedenstellende bzw. gute oder sehr gute Leistungen könnten Sie jedoch sehr viel günstiger erreichen, wenn Sie von Anfang an einen Mittel- oder besser gleich einen Top-Verkäufer anstelle eines schwachen Verkäufers einstellen würden.

Selbst wenn Ihnen die im Beispiel genannten 32.000 Euro mehr Umsatz zu unbedeutend erscheinen, wird dadurch sichtbar, dass Sie allein durch eine einzige richtige Personalentscheidung Ihren Umsatz um gute 3,2 Prozent erhöhen könnten. Und dies ohne weitere Aufwendungen für irgendein Training oder teure Marketingmaßnamen.

Das skizzierte Beispiel dient lediglich dazu, Ihnen die Kostenproblematik ins Bewusstsein zu bringen. In der Praxis habe ich sehr oft wesentlich erschreckendere Berechnungen vorgefunden.

Es kommt ja noch etwas hinzu: Wenn die Mehrheit der Personalentscheidungen richtig wäre, hätten wir ja auch nicht das Problem, dass nur 20 Prozent der Vertriebsmitarbeiter optimal arbeiten. Genau genommen sind also 80 Prozent der Entscheidungen falsch.

Was bedeutet das? Fassen wir noch einmal kurz zusammen:

Es kostet Energie, um Verkäufer zu finden, einzustellen und auf ihren speziellen Arbeitsplatz hin auszubilden (u. a. Ressourcen von Personalverantwortlichen, Verkaufsleitern etc.). Im Vergleich dazu wird vielerorts vergleichsweise wenig Energie investiert, um von Anfang an geeignete Mitarbeiter einzustellen. Je häufiger also eine Position neu besetzt werden muss, umso mehr Aufwand bedeutet es grundsätzlich, um „den Neuen" zu finden, einzuarbeiten und ins Team zu integrieren. Entsprechend mehr bei (wiederholten) Fehlbesetzungen.

Darüber hinaus lässt sich immer wieder feststellen, dass jede Fehlbesetzung und die sich daraus ergebenden Maßnahmen eine gewisse Unruhe in das Betriebsklima bringen und nicht selten andere Mitarbeiter negativ beeinflussen. Auch diese negative Auswirkung ist nicht exakt zu beziffern. Es ist jedoch kein Geheimnis, dass sich ein schlechtes Betriebsklima, wenn es über längere Zeit besteht, negativ auf den Umsatz auswirkt. Zudem kann die Motivation der Mitarbeiter sinken – nicht selten wirkt schlechte Verkaufsleistung „ansteckend".

Am traurigsten ist es, dass dies nicht so sein müsste. Es gibt erprobte Werkzeuge und bewährtes Praxiswissen, um Fehlbesetzungen zu minimieren. Es ist wirklich erstaunlich: Unternehmen führen zum Beispiel ISO-Programme durch, arbeiten mit dem Kontinuierlichen Verbesserungsprozess (auch KVP oder Kaizen genannt) und vielen weiteren Methoden, um Herstellungsprozesse zu optimieren, das Informationsmanagement zu verbessern etc. Was zumeist fehlt, ist eine klare Fokussierung auf die Mitarbeitersuche und -einstellung, obwohl hinreichend bekannt ist, dass kontinuierliche strukturelle Optimierungen sich extrem positiv auf Effizienz, Effektivität und Profitabilität von Unternehmen auswirken. Wäre es da nicht logisch, genau solche kontinuierlichen Verbesserungen für Stellenbesetzungen anzuwenden? Das Einsparpotenzial wiegt die Kosten dafür bei Weitem auf, und zwar sowohl im Hinblick auf Zeit als auch auf Geld und Ressourcen. Mehr noch: Es addiert sich der Gewinn dazu, der sich ergibt, wenn man wirklich die besten verfügbaren Mitarbeiter einstellt.

Hinzu kommt noch ein weiterer Aspekt: Wer Mitarbeiter einstellt, sollte sich darüber im Klaren sein, dass er ja nicht nur eine Verantwortung für sein Unternehmen hat, sondern auch für die Menschen. Eine falsche Einstellungsentscheidung ist eine schmerzhafte Erfahrung – sowohl für das Unternehmen als auch für den Mitarbeiter.

1.4. Das Fokus-Quantität-Qualität-Modell (FQQ): Ein neuer Ansatz für mehr Umsatz

Fassen wir zusammen: Sie wollen gern die bestmöglichen Vertriebsmitarbeiter einstellen. In der Vergangenheit lagen Sie mal richtig mit Ihrer Einschätzung und mal nicht, denn Sie hatten nicht alle notwendigen Informationen, um den Einstellungsprozess zu optimieren.

Das hier vorgestellte Fokus-Quantität-Qualität-Modell (FQQ-Model genannt) basiert auf den folgenden drei Punkten und liefert Ihnen den Schlüssel für die erfolgreiche Neueinstellung von Verkäufern:

▶ Fokus: exakte Ausrichtung auf die Zielgruppe, die Ihr Unternehmen erreichen will
▶ Quantität: Sicherung einer hinreichenden Zahl von Bewerbern
▶ Qualität: Sicherung der hinreichenden Qualität der potenziellen neuen Mitarbeiter

Abbildung 3:   Das Fokus-Quantität-Qualität-Modell

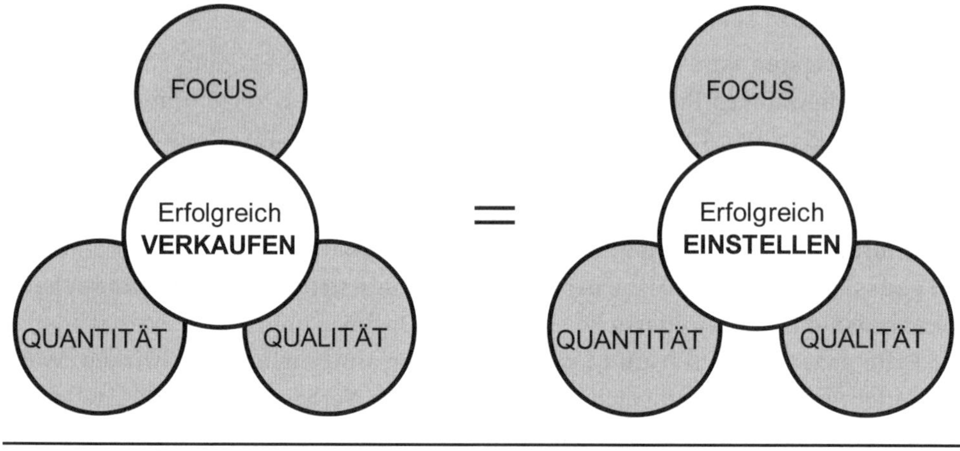

QUELLE UND COPYRIGHTS: PROFILES GMBH, FRANKFURT/M.

Diese drei grundlegenden Kriterien bestimmen gute Leistungen im Vertrieb. Sie gelten vollkommen unabhängig davon, ob man es aus der Position des einzelnen Vertriebsmitarbeiters oder des Unternehmens betrachtet: Entscheidend ist es, diese Schlüsselfaktoren in Hinblick auf ihre Bedeutung im Vertrieb zu verstehen, denn dann kann man sie auch auf den Rekrutierungs- und Anstellungsprozess übertragen.

1.4.1. Fokus

Um Ihre Vertriebsaktivitäten auf Ihre Zielgruppen ausrichten zu können, müssen Sie den Fokus bestimmen. Der Fokus ist entscheidend, um die optimale Vertriebsstrategie zu entwickeln. In diesem Zusammenhang sind die folgenden Fragen zu stellen.

▶ *Wer ist die Zielgruppe?*
Hierbei gilt es auch, Informationen über den Marketingbereich, die Größe des potenziellen Marktes und darüber, wo genau sich dieser Markt befindet, zu erhalten.

▶ *Wer ist der entscheidende Kontakt?*
Sie müssen wissen, wer der entscheidende Kontakt für Sie ist. Das gilt unabhängig davon, ob Sie eine Firma oder eine bestimmte Personen- oder Zielgruppe mit Ihrem Angebot erreichen wollen. Erfolgreiche Verkäufer wissen, wer der Entscheider ist. Typischerweise ist das derjenige, der die Budgetverantwortung hat. Es kommen aber noch weitere Personen in Betracht: Vertriebsmitarbeiter sprechen zum Beispiel gezielt mit den Beeinflussern („Opinion Leader" /„Influencer") und den so genannten „Filtern" (z. B. interne Experten oder Interessenvertreter, über deren Schreibtisch in einigen Unternehmen oder Organisationen jedes Angebot läuft).

▶ *Welches Produkt bzw. welcher Service ist am besten für den Zielmarkt geeignet?*
Die Antwort auf diese Frage ist essenziell, um sich auf das jeweilige Produkt zu konzentrieren, das die Bedürfnisse bzw. Wünsche der potenziellen Kunden am besten bedient („Best Fit"-Strategie). Wird das passende Produkt oder die noch fehlende Dienstleistung angeboten, ist die Wahrscheinlichkeit hoch, dass sie auch gekauft wird. Der Verkäufer spart Zeit und Aufwand.

1.4.2. Quantität

Unter Quantität verstehe ich das nötige Quantum an Verkaufsaktivitäten oder, mit anderen Worten, die Schlagzahlen, die sich zum Beispiel folgendermaßen erfragen lassen: „Wie viele Termine habe ich?", „Welche Verkaufsaktionen starte ich?" „Wie oft bin ich beim Kunden?" Auch wenn man sich manchmal wünscht, bestimmte Vertriebsaktivitäten oder Kundenansprachen nur einmal praktizieren zu müssen, bis die Kunden kaufen, ist das in der Realität nur selten der Fall. Verkaufen ist und bleibt ein Zahlenspiel. Mit anderen Worten: Je größer die Menge der Vertriebsaktivitäten ist (natürlich unter der Annahme, dass Sie sich auf die richtige Zielgruppe fokussieren), desto höher ist auch die Wahrscheinlichkeit des Verkaufserfolgs. Es gibt keinen Weg, erfolgreich zu verkaufen, wenn man nicht genug dafür tut. Selbst wenn Sie das beste Preis-Leistungs-Verhältnis am Markt haben und Sie die richtigen Menschen ansprechen: Ohne eine hinreichende Zahl von Aktivitäten und ohne eine ausreichende Menge an Kundenkontakt werden Sie die gewünschten Ergebnisse nicht erreichen.

Wenn wir uns eingehender mit dem für Erfolg nötigen Aufwand beschäftigen, ist es sinnvoll, fokussierende Fragen im Zusammenhang mit der erforderlichen Quantität zu stellen:

▶ *Mit welchen Vertriebskanälen erreichen Sie potenzielle Kunden am besten?*
Die Antwort darauf hängt davon ab, wie viele Vertriebsmitarbeiter (pro Sektor, Region, Produkt oder Dienstleistung) Sie benötigen, um den Zielmarkt zu erreichen, und wie viele Vertreter, Händler und Franchise-Nehmer pro Region, Sektor oder Produkt/Dienstleistung erforderlich sind.

▶ *Wie viele Kontakte sind nötig, um die gewünschten Ergebnisse zu erreichen?*
Die Antwort auf diese Frage bezieht sich auf die unterschiedlichen Kategorien von Kontakten, von der Anzahl angerufener Kunden bis zur Zahl der Anrufe, die man bis zum ersten Termin beim Kunden braucht. Nicht zu vergessen die Zahl von Kontakten/Meetings, die nötig sind, um zum Abschluss zu kommen.

▶ *Wie viele Marketingaktivitäten sind erforderlich, um den Verkauf zu unterstützen?*
Überlegen Sie, welche Marketingaktivitäten (Anzeigen, Sponsoring, Public Events, Promotions, Social Networking etc.) am effektivsten sind, um den Vertrieb zu unterstützen – und welches Quantum von jeder dieser Aktivitäten nötig ist, um die Marktdurchdringung zu maximieren und die Verkaufsergebnisse zu verbessern.

▶ *Sind die Verkaufsstellen an den richtigen Standorten?*
Hierbei geht es um die Standortfaktoren wie bequeme Erreichbarkeit für den Kunden, die Menge an Laufkundschaft und die Häufigkeit, mit der Kunden die Point of Sales aufsuchen.

▶ *Wie viele Empfehlungen bekommen Sie?*
Persönliche Empfehlungen spielen im Verkauf eine wichtige Rolle. Kunden, die ein bestimmtes Produkt oder eine bestimmte Dienstleistung weiter empfehlen, sind die beste Werbung. Die Menge an Empfehlungen zu erhöhen, ist ein entscheidender Schritt, um den Vertrieb und dessen Akquise zu unterstützen.

▶ *Wie viele Stammkunden gibt es?*
Es ist hinlänglich bekannt, dass es weitaus weniger kostet, jemandem etwas zu verkaufen, der bereits Kunde ist, als einen neuen Kunden zu gewinnen. Somit verfolgt jede Verkaufsstrategie das Ziel, die Zahl der Wiederholungskäufer zu erhöhen. Kundenzufriedenheit und Kundenbindungsinstrumente sind der Schlüssel dafür.

1.4.3. Qualität

Selbst die begabteste Vertriebsabteilung, die ihre Arbeit exzellent erledigt (exakt definierte Zielgruppe, sehr gut ausgebildete Verkäufer, die den Kontakt zu den Entscheidern pflegen, großartige Verkaufsstandorte, exzellente Marketingunterstützung), kann scheitern. Warum? Oft stecken Probleme mit der Produktqualität, mit dem Service oder mit der Auslieferung nach dem Kauf dahinter.

Essenziell für den Verkauf ist es, die Kunden davon zu überzeugen, dass Ihr Produkt oder Ihre Dienstleistung die Bedürfnisse der Kunden befriedigt und dass die Qualität ihren Erwartungen entspricht oder diese sogar übertrifft. Natürlich müssen die Erwartungen dann auch erfüllt werden. Der Moment der Wahrheit ist immer dann gekommen, wenn der Kunde das Produkt oder die Dienstleistung erhält. Dann erkennt er, ob die versprochene Qualität vorhanden ist. Wenn Sie nicht die erwartete Qualität liefern, wird Ihr Vertrieb bzw. Ihr Umsatz darunter leiden. Es ist dann vollkommen gleichgültig, was Sie sonst noch für die Umsatzsteigerung tun.

Der andere kritische Punkt ist die Qualität der Vertriebsabteilung selbst. Die meisten Unternehmen versuchen, mit der bereits angesprochenen 80/20-Verteilung zum Erfolg zu kommen. Wenn lediglich 20 Prozent der Verkäufer sehr engagiert und erfolgreich arbeiten, 80 Prozent jedoch den Unternehmenszielen gleichgültig oder sogar ablehnend gegenüber stehen, ist diese Qualität nicht gegeben. Ich wiederhole: Das ist leider nicht die Ausnahme, sondern eine häufige Situation. Selbst wenn es 30 Prozent Leistungsträger gibt, ist die Qualitätsquote zu niedrig.

Stellen Sie sich einmal eine Fertigungshalle vor, in der 80 Prozent der Maschinen nicht optimal oder zum Teil fast gar nicht funktionieren. Unvorstellbar, oder? Wenn es um Menschen geht, wird diese Quote vielerorts nicht hinreichend analysiert und hingenommen. Die hohe Quote leistungsschwacher oder gleichgültiger Mitarbeiter liegt in der Regel darin begründet, dass die falschen Leute am falschen Platz arbeiten.

Gehen wir zum besseren Verständnis aber zunächst noch einen Schritt zurück. Es gibt zwei weitere wichtige Fragen, die für die Qualität der Verkaufsleistung von Bedeutung sind.

▶ *Wie ist die Qualität Ihres Produktes/Ihrer Dienstleistung und Ihrer Lieferung?*
Sie brauchen nicht Produkte oder Dienstleistungen höchster Qualität zu verkaufen, aber Sie müssen auf jeden Fall die Qualität liefern, die Sie versprochen haben. Darum gelingt es vielen erfolgreichen Unternehmen, Dinge oder Dienstleistungen geringer Qualität zu verkaufen. Erfolgreiche Unternehmen vermitteln ihren Kunden sehr genau, welche Qualität sie zu erwarten haben. Sie liefern ihnen genau das, was sie versprochen haben. Kunden sind schließ-

lich nicht dumm und tauschen sich persönlich und über jedermann zugängliche Internetforen aus. Darum ist es fatal, das Risiko einzugehen, Erwartungen zu enttäuschen und nicht die versprochene Qualität zu liefern.

▶ *Wie gut sind Ihr Vertrieb und Ihr Kundendienst?*
Verkaufserfolg steht und fällt mit dem Menschen, mit der individuellen Persönlichkeit des einzelnen Vertriebsmitarbeiters. Es ist folglich unverzichtbar, auf die Qualität jedes einzelnen Vertriebsmitarbeiters zu achten. Es genügt nicht, einige oder die meisten wichtigen Eigenschaften eines erfolgreichen Vertriebsmitarbeiters zu besitzen. Es bedarf „des ganzen Paketes", einer umfassenden Liste von Eigenschaften, welche einen Menschen zu einem Top-Verkäufer macht. Außergewöhnlich erfolgreiche Vertriebsmitarbeiter wissen, wie sie sich dem Kunden präsentieren müssen und wie sie eine Beziehung herstellen, die trägt, weil der Kunde sie als glaubwürdig und zuverlässig wahrnimmt. Darüber hinaus wissen sie auch, wie man Bedürfnisse des Kunden erkennt und gegebenenfalls seinen Einwänden begegnet. Sie wissen, wie wichtig es ist, dem Kunden wirklich zuzuhören, ihn zu verstehen und - nicht zuletzt - wissen sie, wann es an der Zeit ist, Abschlussfragen zu stellen, um zum Verkaufsabschluss zu kommen.

Wenn Sie als Führungskraft effizient einstellen wollen, müssen Sie an die Personalrekrutierung genauso herangehen wie an das Verkaufen. Die Erfolgsprinzipien sind gleich und die Prozesse ebenfalls!

Das Konzept, um außergewöhnliche Vertriebsmitarbeiter einzustellen, ist genau das gleiche wie beim Verkaufsprozess.
---

2. Fokus: Erst sichten, dann handeln

Es gibt nichts, wirklich nichts, was für den persönlichen Erfolg einer Führungskraft oder eines Unternehmens wichtiger wäre, als großartige Mitarbeiter einzustellen. Dies trifft für alle Bereiche der Firma zu – und ganz besonders für den Verkauf.

Zunächst gilt es, den richtigen Fokus zu finden. Wie wichtig dieser erste Schritt ist, wird anhand des folgenden Beispiels deutlich:

Was würden Sie denken, wenn Ihr neuer Verkäufer einfach damit beginnen würde, Kundenbesuche zu machen, ohne sich vorher zu versichern, dass er zu den richtigen (potenziellen) Kunden unterwegs ist? Wahrscheinlich würden Sie sich fragen: „Wie kann er nur so vorgehen?" Rauszugehen und Kundenbesuche zu starten, ohne sich zuvor Gedanken darüber zu machen, wo man hin will und wie man dorthin gelangt, ist Zeit- und Ressourcenverschwendung. Zudem wäre es ein Zeichen für die Unfähigkeit dieses Mitarbeiters, sich auf die relevanten Ziele zu konzentrieren.

Genau diese Erkenntnis – nämlich, dass vor dem Einleiten von Verkaufstätigkeiten eine Fokussierung unabdingbar ist, gilt auch für den Einstellungsprozess. Es ist schlichtweg unmöglich, erfolgreich zu sein, ohne seine Zielgruppe genau zu definieren.

Ander ausgedrückt: Wenn Sie nicht wissen, wonach Sie suchen, dann werden Sie es vielleicht nicht einmal merken, wenn Sie es zufällig finden. Für erfolgreiches Rekrutieren ist es absolut erforderlich, erst „das Ziel" (den passenden Mitarbeiter) zu definieren. Gelingt Ihnen dies nicht, dann wird auch Ihr sonstiges Bemühen erfolglos sein.

2.1. Definieren Sie Ihre Zielgruppe!

Versierte Marketing- und Verkaufsexperten fokussieren ihre Energie. Sie analysieren ihre Zielgruppen sehr genau; sie kennen ihre Charakteristika und ihr Profil; sie wissen, was die Zielgruppe will und warum sie für ihr Unternehmen als potenzielle Kundschaft interessant ist. Mit diesen Informationen können sie eine effiziente Marketing- und Vertriebskampagne entwickeln.

Das Gleiche gilt natürlich auch für die Personalrekrutierung und -einstellung. Leider definieren nur wenige Unternehmen die Zielgruppe „geeignete Mitarbeiter" genau und aussagekräftig. Noch seltener gibt es eine sorgfältig ausgearbeitete Marketing- und Rekrutierungsstrategie, um die jeweils richtigen Verkäufer zu finden und einzustellen.

Die Konsequenzen sprechen für sich selbst: Wird eine Vertriebsposition vakant, fühlen sich viele Unternehmen genötigt, ja sogar gedrängt, diese so schnell wie möglich wieder zu besetzen. Sie stürzen sich Hals über Kopf in den Personalsuch- und Einstellungsprozess, also ohne entsprechende Vorbereitung.

Warum ist das so? Oftmals werden als Grund zeitliche Engpässe genannt. Die Personalverantwortlichen fühlen sich genötigt, die vakante Position so schnell wie möglich wieder zu besetzen, um keine Umsätze zu verlieren. Der Einwand ist natürlich richtig. Wenn im Unternehmen einer oder sogar mehrere Vertriebsmitarbeiter fehlen, dann leiden in aller Regel die Ergebnisse darunter. Es ist dann noch schwerer, die Quartalsziele zu erreichen, und für die meisten Vertriebsmanager bedeuten nicht erreichte Ziele weniger Provision, Incentives oder andere an das Erreichen der Ziele geknüpfte Vergünstigungen. Wenn es ungünstig läuft, kann eine lange Vakanz sogar ihre eigene Position gefährden. Folglich ist das Vertriebsmanagement natürlich bemüht, vakante Stellen so schnell wie möglich wieder zu besetzen.

Doch leider ist diese Vorgehensweise zu kurzsichtig. Sicher, auf den ersten Blick erscheint es so, dass es zusätzliche Zeit kostet, die Tätigkeit, das Anforderungsprofil sowie die Anwerbung und Auswahlkriterien vorab sorgfältig zu definieren. Bei genauerem Hinsehen sieht dies jedoch anders aus: Es kostet weitaus mehr Zeit, um einen leistungsschwachen Mitarbeiter zu managen, sich mit nicht ausreichenden Leistungen herumzuschlagen, gescheiterte Vertriebsmitarbeiter zu entlassen und wieder nach Ersatz Ausschau zu halten, als von Anfang an die Priorität darauf zu legen, die geeignete Person zu finden.

Wenn Sie sich gleich am Anfang die Zeit nehmen, die Tätigkeit für die vakante Position und den gewünschten Kandidaten exakt zu beschreiben sowie eine effektive Rekrutierungsstrategie zu entwickeln, dann sparen mit Sicherheit Zeit und Geld! Warum?

Es kostet mehr Zeit und Geld, Fehlentscheidungen auszubügeln,
als von Anfang an fokussierte Evaluierungsprozesse durchzuführen.

Setzen Sie Ihre Zeit lieber sinnvoll ein. Um erfolgreich und passgenau einzustellen benötigen Sie:

▶ eine exakte Stellenbeschreibung,
▶ ein auf die Stellenbeschreibung fußendes Anforderungsprofil.

Mit diesen beiden Elementen, auf die ich im Folgenden detailliert eingehe, erledigen Sie die ersten beiden Arbeitsschritte, um den passenden Menschen für den zu besetzenden Arbeitsplatz zu finden.

2.2. Verfassen Sie eine Stellenbeschreibung!

Eine klare, präzise Stellenbeschreibung ist die Grundlage für erfolgreiches Anwerben, Auswählen und Einarbeiten des gewählten Kandidaten.

Viele Fehler werden gleich am Anfang gemacht: Oftmals ist die Stellenbeschreibung unzureichend, es fehlen Details, wie zum Beispiel die wichtigsten Verantwortlichkeiten, zu liefernde Ergebnisse und Ähnliches. Hierin liegt einer der Hauptgründe, warum Personaleinstellungen sich so oft als Fehler erweisen.

Warum ist das so? Weil eine schwache Stellenbeschreibung und das darauf fußende Anforderungsprofil die Richtung für den gesamten Einstellungsprozess bestimmen. Wenn bereits die Stellenbeschreibung am Ziel vorbeischießt, dann wird letztendlich der ganze Prozess das Ziel verfehlen.

Warum verwenden viele Unternehmen zu wenig Zeit und Energie, um eine präzise und detaillierte Stellenbeschreibung auszusetzen?

Folgende Gründe werden hierfür genannt:

▶ Eine Stellenbeschreibung zu verfassen oder für die gerade vakante Stelle neu zu bearbeiten kostet Zeit und ist schwierig.
▶ Die bereits existierende Stellenbeschreibung erscheint „ganz in Ordnung".
▶ Verkaufsleiter und Personalverantwortlicher fühlen sich unter Druck, die Stelle zu besetzen und darum inserieren sie diese, ohne jetzt noch groß Energie darauf zu verwenden und die Beschreibung genau zu überprüfen.
▶ Es besteht die Furcht, dass eine zu exakte Beschreibung später die möglichen Aufgaben eingrenzt, die man von einem Mitarbeiter erwarten kann.

Erkennen Sie bereits, worum es geht? Das Hauptthema heißt Zeit. Wer mit Anwerben und Einstellen befasst ist, steht unter Zeitdruck. Er ist gehalten, seine Aufgaben zügig zu erledigen. Darum weigern sich Verantwortliche so häufig, Zeit in die Einstellungsvorbereitung zu investieren, und darum versichern sie so oft, die vorhandene Stellenbeschreibung sei spezifisch und detailliert genug.

Was sie nicht realisieren oder nicht in Gänze verinnerlicht haben, ist, dass sie viel weniger Zeit brauchen, um eine auf Anhieb zutreffende Stellenbeschreibung zu verfassen, als jemandem zu managen, der mit seiner Tätigkeit letztendlich nicht klarkommt. Erlauben Sie mir noch ein paar Worte zum letzten der von den Führungskräften genannten Gründe, nämlich die Befürchtung, dass später juristische Nachteile entstehen könnten, wenn man die erwarteten Aufgaben zu sehr eingrenzt: Dazu ist zu sagen, dass Stellenbeschreibungen, wenn sie Vertragsbestandteile werden, natürlich nur die Minimalziele bzw. Aufgaben nennen. Das sollte dann auch so im Vertrag stehen. Die Vermeidungsstrategie ist daher obsolet – und außerdem ist sie kontraproduktiv.

Man kann es nicht oft genug wiederholen: Der erste Schritt, um die Rekrutierungsqualität zu verbessern, besteht darin, eine passgenaue Stellenbeschreibung und ein darauf basierendes Anforderungsprofil mit klar definierten Hard Skills und Soft Skills zu entwickeln – und zwar von Anfang an.

Dies ist unabdingbar, denn eine akkurate Beschreibung der Leistungsanforderungen ist wie die Navigationsroute oder die Straßenkarte. Mit ihr durchläuft man den Einstellungsprozess. Die meisten Unternehmen handeln nach einem Rekrutierungsschema, dessen Hauptaugenmerk darauf liegt, ob der Kandidat alles Nötige mitbringt, um die ausgeschriebene Stelle zu bekommen. Vernachlässigt wird dabei die Frage, ob er die nötigen Voraussetzungen hat, um die Arbeit tatsächlich zu tun.

Warum ist das so ein großer Unterschied?

Um einen Arbeitsplatz *zu bekommen*, werden meistens folgende Aspekte berücksichtigt:

▶ der erste Eindruck
▶ die Festigkeit des Händedrucks
▶ Kontaktfreudigkeit
▶ äußeres Erscheinungsbild
▶ mündliche Ausdrucksfähigkeit und
▶ Körpersprache

Eine Arbeit tatsächlich *zu tun*, hingegen beinhaltet Dinge wie

▶ Initiative zeigen
▶ Prioritäten setzen
▶ Fähigkeit zum Delegieren und Ziele zu erreichen

Mit anderen Worten: Die Dinge, die mit dem Alltag der jeweiligen Tätigkeit verbunden sind, sollten auf jeden Fall in die Stellenbeschreibung integriert sein – und nicht nur das: Sie sollten als bedeutende Anwerbungs- und Einstellungskriterien gewichtet werden.

Schauen wir nun auf die Eckpfeiler, die man für einen fokussierten Rekrutierungs- und Einstellungsprozess braucht. Die meisten traditionellen Stellenbeschreibungen beinhalten folgende oder ähnliche Elemente:

▶ die Stellenbezeichnung
▶ allgemeine Arbeitsaufgaben
▶ allgemeine Funktionen und Verantwortlichkeiten
▶ Vorgaben oder/und Qualifikationen für die Position
▶ Budgetverantwortung (gegebenenfalls)
▶ erforderliche interne und externe Kontaktaufnahme (berichten, zusammenarbeiten) und
▶ Bezüge und Bonifikation

In einem fokussierten Rekrutierungsverfahren hingegen hat die Stellenbeschreibung zwei Säulen: „Ergebnisse" und „Aktivitäten". Darauf fußt das später zu verfassende Anforderungsprofil mit den beiden Säulen „Hard Skills" und „Soft Skills". Wir brauchen also:

▶ *Ergebnisse (Stellenbeschreibung):* Typische Aufgaben in der Position müssen exakt beschrieben werden: Was wird erwartet? Was genau soll produziert werden? Welche Ergebnisse sollen erreicht werden?
▶ *Aktivitäten (Stellenbeschreibung):* Genaue Beschreibung der Aktivitäten: Welche Aktivitäten sind erforderlich, um die zu liefernden Ergebnisse zu erreichen? Was muss dafür monatlich, wöchentlich, täglich getan werden?
▶ *Eigenschaften (Anforderungsprofil):* Was sind die entscheidenden Erfolgsfaktoren? Welche Ausbildung, Erfahrung, Fähigkeiten, Motivation und Persönlichkeitsmerkmale muss der Mitarbeiter auf jeden Fall haben, um die gewünschten Ergebnisse zu erreichen?

Viele Menschen haben anfangs Schwierigkeiten mit dieser Art von Spezifizierung. Formulieren Sie präzise, was Sie von Ihrem (neuen) Mitarbeiter erwarten. Hier einige Beispiele:

▶ *Produktionsvorgabe:* Generieren Sie sechs neue Kunden!
  Aktivität: Verabreden Sie 24 Treffen mit Entscheidern innerhalb von 90 Tagen!
▶ *Produktionsvorgabe:* Erweitern Sie die Vertriebsabteilung!
  Aktivität: Rekrutieren Sie jeden Monat drei neue Vertriebsmitarbeiter!
▶ *Produktionsvorgabe:* Generieren Sie mindestens vier neue Accounts pro Quartal!

Aktivität: Erstellen und kontaktieren Sie jeden Monat eine Zielgruppenliste mit mindestens fünf potenziellen neuen Kunden!

Es ist gleichgültig, um welche Produktionsvorgaben oder Aktivitäten es sich handelt. Sofern die Stellenbeschreibung auch Bestandteil des Vertrages wird, ist darauf zu achten, dass zum einen die Vereinbarungen lediglich als Minimalziele definiert werden, zum anderen sind sie jeweils mit den gesetzlichen Bestimmungen in Einklang zu bringen (beispielweise Zustimmung des Kunden zur Kontaktaufnahme).

Kunden, denen es schwerfällt, die richtigen Details für die Stellenbeschreibung auszuwählen, rate ich immer, sich an den Leistungsbewertungskriterien („Key Performance Indicators") für die Position zu orientieren. In aller Regel sind darin diejenigen Elemente, die auch für die fokussierte Stellenbeschreibung von Bedeutung sind.

Damit haben Sie schon sehr viel erreicht. Gleichwohl ermutige ich Sie, noch präziser vorzugehen. Dafür ist mindestens folgende Vorbereitung erforderlich:

▶ Untersuchung der einzelnen Aufgaben, die für die Tätigkeit nötig sind
▶ Untersuchung der Abfolge der Aufgaben
▶ Prüfung des notwendigen Wissens
▶ Begutachten der erforderlichen Kenntnisse und Fähigkeiten

Wenn diese Analyse vollständig durchgeführt und eine darauf basierende detaillierte Stellenbeschreibung verfasst wurde, dann sollte sich Folgendes eindeutig ableiten lassen: Welcher Kenntnisse und Eigenschaften bedarf es, um die Stelle zu besetzen, und welche Erwartungen sollte der ideale Kandidat erfüllen?

Diese Exaktheit zu erreichen, spielt sich mit der Zeit ein. Immer dann, wenn Sie noch unsicher sind, ob Ihre Stellenbeschreibung bereits klar, detailliert oder spezifisch genug ist, stellen Sie systematisch folgende Fragen:

▶ *Tätigkeitsbezeichnung:* Ist die Tätigkeitsbezeichnung klar genug? Transportiert sie das Wesentliche der Arbeit? Ein Beispiel: Einige Unternehmen wählen als Berufsbezeichnung solche Bezeichnungen wie „Key Account Manager", weil sie der Meinung sind, dass das besser klingt als „Sales Representative", „Außendienstmitarbeiter" oder „Vertriebsmitarbeiter". Die tatsächlich gemeinte Tätigkeit jedoch beinhaltet aktives Verkaufen, starkes Engagement in originären Verkaufsaktivitäten, tägliches Generieren von vielen Kundenkontakten und Ähnliches mehr. Das bedeutet, dass zum Beispiel „Vertriebsmitarbeiter" oder „Verkäufer" der passendere Begriff ist. Vielleicht melden sich mehr Kandidaten, wenn man eine „Key Accounts Manager"-Stelle offeriert. Da die Bezeichnung aber irreführend ist, werden die Kandidaten, die sich melden, fast alle nicht die sein, die das Unternehmen eigentlich braucht.

- *Zweck:* Warum gibt es diese Stelle? Jeder Leser Ihrer Stellenbeschreibung sollte auf Anhieb verstehen, warum es diesen Arbeitsplatz gibt. Er sollte in der Lage sein, die gewünschten Ziele und Ergebnisse (Produktionsvorgaben) und die damit verbundenen Verantwortlichkeiten benennen zu können.
- *Arbeitsschwerpunkte:* Womit wird der erfolgreiche Kandidat seine Arbeitszeit verbringen? Sowohl der Arbeitgeber als auch der (potenzielle) Angestellte sollten genau beschreiben können, mit welchen Tätigkeiten der Mitarbeiter seine Arbeitszeit gestaltet – vorzugsweise mit ungefährer prozentualer Angabe der Zeit, die er für die einzelne Tätigkeit braucht. Wenn zum Beispiel 50 Prozent für bestehende Kunden, 40 Prozent für die Akquise neuer Kunden und zehn Prozent für administrative Tätigkeiten genutzt werden sollen, dann sollte das klar und deutlich kommuniziert werden. Sowohl das Unternehmen als auch der jeweilige Kandidat können so bereits genauer bestimmen, welche Erfahrungen und Fähigkeiten erforderlich sind.
- *Arbeitsbedingungen:* Wie sehen die Arbeitsbedingungen und die Erwartungen an die Mitarbeiter aus? Dieser Punkt sollte genaue Informationen über die Arbeitszeiten, interne und externe Verbindungen, gegebenenfalls Budgetverantwortung und Reisetätigkeit, Gehalt, Bonifikationen und Ähnliches beinhalten.

Eine eindeutige, spezifische und detaillierte Stellenbeschreibung ist eine absolute Notwendigkeit für jedes Unternehmen, das einen effektiven Einstellungsprozess für eine Vertriebsposition etablieren will. Dieses hilft dem Unternehmen und dem Kandidaten genau zu verstehen, welche Voraussetzungen für die Position erforderlich sind und welche Leistung erwartet wird. Sie führt dazu, dass nur die am besten qualifizierten Kandidaten in den Bewerberpool gelangen und dann auch entsprechend eingestellt werden können. Darüber hinaus hilft eine sorgfältig ausgearbeitete Stellenbeschreibung auch, ein detailliertes und exaktes Anforderungsprofil zu erstellen.

2.3. Erstellen Sie ein Anforderungsprofil!

Wir wissen bereits: Eine adäquate Stellenbeschreibung ist entscheidend für den Einstellungserfolg, aber als alleiniges Instrument ist es nicht ausreichend. Um die richtigen Kandidaten für eine Verkaufsposition anzuziehen und einzustellen, ist ein Anforderungsprofil unverzichtbar.

Die Stellenbeschreibung führt die Aufgaben und Verantwortlichkeiten detailliert auf, die der Verkäufer oder die Verkäuferin zu bewältigen hat. Das Anforderungsprofil hingegen ist das Werkzeug, das Sie als Arbeitgeber benötigen, um die erforderlichen Qualifikationen Ihres idealen Kandidaten für die vakante Position zu beschreiben. Mit anderen Worten: Das Anforderungsprofil gibt Antwort auf die Schlüsselfragen, welche Art von Person fähig ist, die notwendigen Tätigkeiten erfolgreich auszuführen und die gewünschten Resultate zu erreichen, die in der Stellenbeschreibung stehen.

Bedauerlicherweise ist das Anforderungsprofil der am meisten unterschätze und am schwächsten geleistete Teil des Einstellungsprozesses. Warum ist das so? Nach Aussagen der Personalverantwortlichen, der Mitarbeiter der Personalabteilung und der Vertriebsmanager liegt es daran, dass es zu viel Zeit koste, eine detaillierte Stellenbeschreibung zu erstellen. Sie unterliegen dem Druck, eine gewisse Menge von Kandidaten mit bestimmten Qualifikationen anzuwerben – und das bitte so schnell wie möglich. Die Liste der Qualifikationen, nach denen sie suchen, sieht gewöhnlich so aus:

▶ Erfahrung
▶ Ausbildung
▶ Training
▶ Einkommenserwartungen

Diese Dinge sind wichtig, aber sie sind keinesfalls die wichtigsten Qualifikationen. Vor allem sollten sie auf der Suche nach geeigneten Kandidaten keineswegs die Auswahlkriterien mit der höchsten Priorität sein!

Ein effektives Kandidatenprofil hingegen ermöglicht es Ihnen, sowohl faktisch notwendige „Hard Skills" als auch die für die Tätigkeit erforderlichen „Soft Skills" zu bestimmen. In der Regel empfehlen wir für Anforderungsprofile folgende leistungsrelevante Kriterien:

▶ Die nötige Ausbildung, Erfahrung und das für die Stelle erforderliches „Know-how".
▶ Dazu gehören auf der Seite der „Hard Skills" Fachwissen, Methodenkompetenz sowie Ausbildung und Erfahrung.
▶ Auf der Seite der „Soft Skills" fallen darunter mentale Fähigkeiten, Motivation und Persönlichkeitsmerkmale.
Schauen wir nun genauer auf diese beiden Arten von Fähigkeiten.

2.3.1. Hard Skills

Diese Kriterien ergeben sich direkt aus der Stellenbeschreibung. Dieser Teil umfasst für sich allein stehende, messbare Qualifikationen, die ein Kandidat für die engere Auswahl notwendigerweise besitzen muss. Diese sind:

- *Fachwissen:* Fachkenntnisse bedeuten, dass der Kandidat das Marktwissen, Produktwissen und das für das Fachgebiet notwendige Know-how mitbringt.
- *Methodische Kompetenz:* Methodische Kompetenz bezieht sich darauf, ob ein Kandidat die erforderlichen fachlichen Fertigkeiten mitbringt, also weiß, wie man zum Beispiel ein gutes Verhältnis zum Kunden aufbaut, dessen Bedarf analysiert, zu welchem Zeitpunkt man Abschlussfragen stellt, wie und wann man nach Empfehlungen fragt etc. Kompetenzen sind Eigenschaften, die geändert und erlernt werden können. Diese „Hard Skills" sind eminent wichtig, denn ohne sie kann man nicht verkaufen. Sie haben also zwei Alternativen: Entweder Sie schauen nach Kandidaten, die diese Fähigkeiten bereits mitbringen, oder zumindest nach solchen, die diese Fähigkeiten trainieren und weiterentwickeln können.
- *Ausbildung/Erfahrung:* In Bezug auf Vorkenntnisse, Abschlüsse und Qualifikationen lohnt es sich, sehr genau zu arbeiten. Oft passiert es, dass nicht hinterfragt wird, warum bestimmte Voraussetzungen gefordert werden. Es gilt zum Beispiel zu fragen: Braucht der Kandidat ein BWL-Diplom und wenn ja, wofür genau braucht er es? In der Praxis erlebe ich immer wieder, dass ein Großteil der geforderten Kompetenzen für die tatsächliche Tätigkeit wohl „nice-to-have", aber eigentlich gar nicht nötig bzw. für die auszuführende Arbeit nicht relevant ist. Ein Grund mehr, warum es so extrem wichtig ist, die Tätigkeiten in der Stellenbeschreibung zuvor exakt aufgelistet zu haben!

2.3.2. Soft Skills

Die „Hard Skills" gehören also zur „Haben"-Seite des Kandidaten. „Soft Skills" unterscheiden sich von ihnen allein schon dadurch, dass es viel schwieriger ist, exakt zu definieren, welche mentalen Fähigkeiten, berufliche Motivationen und Persönlichkeitsmerkmale nötig sind, um die jeweils geforderte Arbeit erfolgreich zu verrichten. Wenn die nötigen Fähigkeiten, Motivationen oder Verhaltensmerkmale bei einem Mitarbeiter fehlen, ist es auf jeden Fall sehr schwer, diese zu entwickeln. Der beste und effektivste Weg, um die für eine Position erforderlichen „Soft Skills" zu definieren, ist, vom eigenen Erfolg zu lernen. Wir sprechen hier vom so genannten internen Benchmarking.

Beim internen Benchmarking analysiert man im ersten Schritt die Leistungen der besten Vertriebsmitarbeiter. In jedem Vertrieb gibt es 16 bis 20 Prozent Spitzenverkäufer. Im internen Benchmarking gehen wir der Frage nach, ob diese Mitarbeiter die gleichen Soft Skills haben und, wenn ja, welche das sind. Wir wollen wissen, welche Persönlichkeitseigenschaften sie erfolgreich machen. Die 16 bis 20 Prozent Top-Verkäufer ermitteln wir aufgrund ihrer Leistungskriterien wie Zielerreichung, Umsatz, Gewinn, Verhältnis Kundenakquise zu Bestandskunden, Stückzahl, Kundenfeedbacks, Kundenloyalität usw. Nach dieser statistisch gestützten Auswahl nutzen wir unser Profiling-Instrument, um festzustellen, welche identischen Soft Skills sie haben.

In diesem Leistungsvergleich oder Benchmarking der Spitzenverkäufer interessieren wir uns nicht mehr für die jeweiligen Quantitäten (wie viele Kontakte, wie viele Abschlüsse, wie viel Umsatz etc.), sondern richten unser Augenmerk darauf, was diese Leistungsträger in Bezug auf ihre „Soft Skills" gemeinsam haben. Wir sammeln beispielsweise folgende Informationen:

▶ Welche mentalen Fähigkeiten haben sie gemeinsam?
▶ Welche gemeinsamen berufsbezogenen Interessen haben sie?
▶ Welche Verhaltensmerkmale zeichnen sie aus?

Die Antworten auf diese Fragen zu sammeln und zu erfassen, bedeutet so etwas wie die „DNA" Ihrer besten Mitarbeiter zu gewinnen. Es ermöglicht Ihnen zu sehen, woran es liegt, dass diese Mitarbeiter in ihrer Position so hervorragend arbeiten. Einige dieser Informationen besitzen Sie vermutlich bereits aus früheren Betrachtungen Ihrer Mitarbeiter, zum Beispiel in Bezug auf Engagement, Aktivitätslevel, Einstellung usw.

Diese Informationen lassen sich in der Regel – soweit nicht bereits geschehen – aus internen Benchmarking-Analysen und Interviews generieren. Ebenso ist es möglich, ein externes Benchmarking zugrunde zu legen, indem man die Eigenschaften von Top-Verkäufern verschiedener Branchen analysiert.

2.4. Setzen Sie Profiling als Analyseinstrument ein!

Die detaillierten Informationen, die Sie brauchen, also das Wissen über Persönlichkeitseigenschaften und für hohe Leistungen nötige Verhaltensmerkmale, erschließen sich in aller Regel nur durch wissenschaftlich basierte Assessment-Instrumente. Ich empfehle meinen Kunden, diese zu nutzen, da sie am objektivsten und genauesten sind, um mentale Fähigkeiten, berufliche Interessen und Verhaltensmerkmale von High Performern zu messen und zu analysieren.

Ein sehr effizientes und zunehmend eingesetztes Instrument, um ein Benchmarking zum Beispiel von Ihren Top-Mitarbeitern in Bezug auf die relevanten Fähigkeiten, Denkmuster, Verhaltensweisen und Berufsinteressen zu erhalten, ist das sogenannte Online-Profiling. Bei einem solchen internen Benchmarking via

Online-Profiling bitten Sie Ihre besten Mitarbeiter, einen speziell ausgearbeiteten Online-Fragebogen auszufüllen. Die ganze Prozedur dauert in der Regel nicht länger als 90 Minuten und kann zu jeder Zeit innerhalb oder außerhalb der Arbeitszeit ausgeführt werden. Die daran anschließende statistische Erhebung liefert Ihnen innerhalb kürzester Zeit valide Aussagen über die persönliche Stärken, Denkmuster, Verhaltensmerkmale und Berufsinteressen (Motivation) der leistungsstärksten Vertriebsmitarbeiter.

Eines der effizientesten und vielseitigsten Profiling-Instrumente seines Typs ist ProfileXT. Es kombiniert internes und externes Benchmarking sowie Experten-Ratings und liefert ein sicheres, objektives und wissenschaftlich fundiertes Bild über kognitive Fähigkeiten, Motivation und Persönlichkeitseigenschaften. Unternehmen, die dieses Instrument seit Jahren anwenden, schätzen nicht zuletzt die Möglichkeit, Dimensionen messen zu können, die nur sehr schwer allein durch Bewerbergespräche erfassbar sind.

Abbildung 4:   Job Match

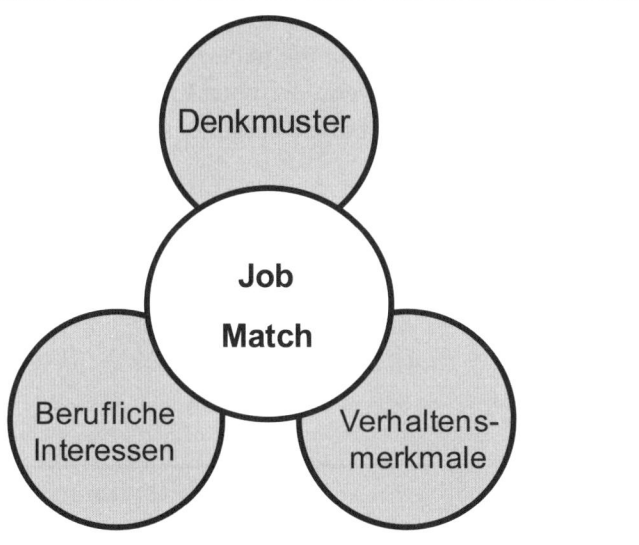

Abbildung 4 verdeutlicht das Benchmarking. Anhand der Profiling-Ergebnisse lassen sich sehr plastisch die Schnittmengen zwischen Denkmustern, beruflichen Interessen und Verhaltensmerkmalen von für Ihren Vertrieb geeigneten Spitzenverkäufern erkennen. Wie dieses psychometrische Diagnoseinstrument bei der Kandidaten-Analyse genutzt werden kann, wird im Kapitel „Qualität" erläutert. Doch nun zurück zum Benchmarking selbst.

Nachdem Sie die statistische Analyse sowohl der Verhaltensmerkmale der Leistungsträger (Benchmarking) und die exakten Leistungsanforderungen für die Tätigkeit zusammengetragen haben, können Sie nun ein sehr genaues und effizientes Anforderungsprofil erstellen. Sie erhalten damit so etwas wie eine Blaupause, quasi einen „genetischen" Bauplan für Ihren Einstellungsprozess. Sie erinnern sich: Vom ersten Eindruck über die Fähigkeiten im Bewerbungsgespräch bis zur Selbstpräsentation passiert es sehr leicht, dass Verkaufsmanager und Personalverantwortliche vor allem darauf vertrauen, was sie mit ihren Augen sehen oder welche Signale ihnen ihr „Bauchgefühl" sendet. Sie achten dann nicht genügend darauf, welche Qualitäten notwendig sind, um die vakante Tätigkeit auszuführen.

Stellenbeschreibung und Anforderungsprofil helfen dabei, die entscheidenden Kriterien immer im Blick zu haben. Sie haben damit gleichzeitig ein Instrument, um Produktivität zu managen, wenn der neue Kandidat beginnt, für Sie zu arbeiten. Abbildung 5 veranschaulicht diese Vorgehensweise.

Stellenbeschreibung:

Beschreibung der Position, deren Aufgaben und Ziele.

Anforderungsprofil:

Aus der Stellenbeschreibung ergeben sich entsprechende Anforderungen an die Person.

Anforderungsprofil - Hard Skills:

Anforderungen zu fachlichen Fähigkeiten und Kompetenzen sowie Ausbildung.

Anforderungsprofil - Soft Skills

Anforderungen zu persönlichen Fähigkeiten, mental- und verhaltensbasiert sowie berufliche Interessen.

Nachdem Sie eine klare Stellenbeschreibung und ein darauf basierendes Anforderungsprofil mit ebenfalls exakt definierten „Soft Skills" erstellt haben, können Sie nach passenden Kandidaten fahnden. Jetzt gilt es, in Übereinstimmung mit dem Anforderungsprofil eine klare „Anwerbestrategie" zu entwickeln. Einen „Fokus" haben Sie ja jetzt. Sie wissen ganz genau, nach wem Sie Ausschau halten. Nun steht das Thema „Quantität" im Mittelpunkt.

3. Quantität: Wie viele Bewerber sind notwendig?

Fachkräfte sind rar. Die meisten deutschen Unternehmen sind über den Fachkräftemangel besorgt, so das Ergebnis der jüngsten Studie des Deutschen Industrie- und Handelskammertages „Arbeitsmarkt und Demographie – DIHK-Umfrage Dezember 2010". Bereits für das Folgejahr betrachtet danach schon jedes vierte Unternehmen den Mangel an Fachkräften als eines der größten Risiken. Zu Recht, denn nach Angaben der Bundesvereinigung der Deutschen Arbeitgeberverbände (BDA) und des Bundesverbands der Deutschen Industrie (BDI) fehlen mehr als 60.000 Fachkräfte, vor allem in den Bereichen Mathematik, Informatik, Naturwissenschaften und Technik. Doch nicht nur Ingenieure und IT-Mitarbeiter sind schwer zu finden – auch an qualifiziertem Pflegepersonal und guten Vertriebsmitarbeitern mangelt es. Der deutsche Industrie- und Handelskammertag rechnet auf seiner Homepage unter der Überschrift „Jahresthema 2011: Gemeinsam für Fachkräfte" vor, dass in 15 Jahren bis zu fünf Millionen Arbeitskräfte fehlen werden.

Bereits heute ist es in Branchen wie dem Versicherungswesen, die in der jüngeren Vergangenheit erhebliche Imageschäden erlitten haben, schwierig, Arbeitsplätze mit motivierten Leistungsträgern zu besetzen. Vor ein paar Jahren noch boomte der Markt und es war relativ leicht – um bei dem Beispiel zu bleiben –, Versicherungen zu verkaufen. Parallel dazu genügte meist eine Stellenanzeige, um einen Waschkorb voller Bewerbungen zu bekommen. Heute hat sich der Markt grundlegend gewandelt – die Bewerber stehen nicht mehr Schlange. Die entscheidende Frage, die sich jeder Verantwortliche nun stellen muss, ist: „Wollen wir aufgeben und nehmen, was kommt, oder wollen wir mehr arbeiten?" Meiner Auffassung nach gibt es auf diese Frage nur eine Antwort: „Wir müssen mehr tun – sowohl quantitativ als auch qualitativ – und wir müssen neue Wege beschreiten!"

3.1. Welche Schlagzahl brauchen Sie?

Viele Verkäufer wissen ganz genau, wie viele Kontakte sie brauchen, um eine bestimmte Menge von Verkaufsabschlüssen zu erreichen. Sie wissen das, weil sie ihre Ergebnisse analysieren, insbesondere das Verhältnis von Abschlüssen zu Kontakten. Ihre Ergebnisse mögen von Monat zu Monat in Abhängigkeit von verschiedenen Faktoren variieren, aber in den meisten Fällen können sie sehr zutreffend die Zahl der Kontakte voraussagen, die sie brauchen, um ihre Verkaufsziele zu erreichen.

Wenn Sie beispielsweise Versicherungsvertreter sind, dann können Sie ausrechnen, mit wie vielen Menschen Sie jede Woche oder jeden Monat sprechen müssen, um die vorgegebene Zahl an Versicherungen abzuschließen. Und selbst im Einzelhandel ist die Menge der Kontakte ein entscheidendes Messkriterium. Gewöhnlich wird die Menge von Kunden ermittelt, die das Geschäft im Monat besuchen, ebenso wie die Zahl der Verkaufskontakte und Abschlüsse, die das Personal erzielt.

Dasselbe Prinzip gilt es nun auf den Einstellungsprozess anzuwenden. Bis jetzt haben wir uns mit der passenden Stellenbeschreibung, dem adäquaten Anforderungsprofil und der gewünschten Zielgruppe potenzieller Kandidaten befasst. Der nächste Schritt besteht darin, diese Zielgruppe und die nötige Menge an Kandidaten zu erreichen. Anders ausgedrückt: Sie müssen Ihre Hände ausstrecken und mit Ihrer Zielgruppe kommunizieren, um ihnen Ihr „Produkt", also die vakante Vertriebsposition, zu „verkaufen".

Es ist essenziell, die Eigenschaften der Person, die man einstellen möchte, zu definieren, aber diese Definition bringt Sie nicht weiter, wenn Sie nicht effektiv mit der Zielgruppe der für Sie interessanten Kandidaten kommunizieren. Um das zu erreichen, müssen Sie die richtigen Kommunikationskanäle bestimmen und nutzen. Und nicht nur das: Sie müssen darüber auch die richtigen Botschaften aussenden.

3.2. Prospecting: Halten Sie Ausschau!

In Marketing und Verkauf nennt man das Ausschau halten nach potenziellen Kunden „Prospecting" – und genau das müssen Sie auch im Rahmen Ihres Rekrutierungsprozesses tun. Sie müssen einen wirksamen Prospecting-Plan entwickeln, um die Menge Kandidaten zu erreichen, die Sie brauchen.

Für den Prospecting-Plan stellen sich für Sie zwei wichtige Fragen:

▶ Welche Kommunikationskanäle nutzen Sie, um die Zielgruppe potenzieller Kandidaten zu erreichen?
▶ Welche Botschaften verwenden Sie, um das Interesse Ihrer Zielgruppe zu gewinnen?

Der erste Punkt des Prospecting-Plans zielt darauf, diejenigen Kanäle zu identifizieren, mit denen es am wahrscheinlichsten ist, die Zielgruppe zu erreichen. Die meisten Führungskräfte entscheiden sich für eine Kombination aus den klassischen und den neueren Kommunikationskanälen. Das entspricht auch der zunehmenden Diversifizierung in der Art der Informationsaufnahme.

Der zweite Punkt des Prospecting-Plans bezieht sich auf das Aussenden der passenden Botschaft, um das Interesse Ihrer Zielgruppe zu gewinnen. Dabei nutzen Sie bis zu einem gewissen Grad die Sprache der klassischen Stellenausschreibung, aber zum größten Teil verwenden Sie gezielt Schlüsselwörter, Formulierungen und Beschreibungen, die Ihre Zuhörer ganz genau ansprechen.

Während dieses Prospecting-Prozesses ist es wichtig, stets im Kopf zu behalten, dass das Ziel im Hinblick auf diesen Aspekt darin besteht, einen genügend großen Kandidatenpool zu generieren. Je mehr Kandidaten Sie haben, umso wahrscheinlicher finden Sie den richtigen. Um das zu erreichen, ist Multi-Channeling, also das Nutzen unterschiedlicher Kommunikationskanäle, ebenso obligatorisch wie spezifische, fokussierte Botschaften.

Zusammengefasst heißt das:

Genauso wie wir unterschiedliche Kommunikationskanäle und unterschiedliche Botschaften nutzen, um potenzielle Kunden zu erreichen, nutzen wir diese Werkzeuge auch, um potenzielle neue Vertriebsmitarbeiter zu gewinnen.

Auch hier entsprechen sich Verkaufsprozess und Einstellungsprozess.

Was hat ein Autokauf mit der Akquise guter Mitarbeiter zu tun?

Die Qualität Ihrer Anwerbungs- und Einstellungsentscheidungen hängt von der Qualität Ihrer Akquisemethode ab, mit der Sie die besten potenziellen Kandidaten anziehen. Wenn Ihre Akquise keine hinreichende Qualität hat, wird auch die Kandidatenqualität nicht hoch sein. Dementsprechend schwierig wird es dann, gute Verkäufer einzustellen. Ich will Ihnen das Prinzip anhand eines Beispiels verdeutlichen:

▐▶ BEISPIEL:

Stellen Sie sich vor, Sie wollen ein neues Auto kaufen. Bevor Sie den Kauf tätigen, haben Sie sich kundig gemacht, verschiedene Marken und Typen angesehen und diese mit Ihren Bedürfnissen verglichen. Auf Grundlage dieser Vergleiche entscheiden Sie, dass ein hochwertiger Mittelklassenwagen auf neuestem technischem Niveau mit Hybridmotor, Panoramadach sowie weiteren für Sie bedeutenden Extras die beste Wahl ist.

Dann fahren Sie zur nächstbesten „Schrauberwerkstatt" und halten nach einem hochwertigen Mittelklassenwagen Ausschau. Sie durchsuchen das gesamte Angebot, aber Sie finden keinen Wagen in der von Ihnen gewünschten Art. Eigentlich kein Wunder: Es ist ja ein Billig-Händler, der überwiegend runtergefahrene Wagen noch einmal flott gemacht hat, mit alten Ottomotoren und durchgesessenen Sitzen. Frustriert verlassen Sie das Geschäft und machen sich auf zum nächsten Händler, der ebenfalls das untere Marktsegment bedient.

Erneut durchkämmen Sie das gesamte Sortiment, aber Sie haben einfach kein Glück: Es gibt kein einziges Auto, das Ihre Ansprüche erfüllt. Das Spiel wiederholt sich noch einige Male, während Sie weitere Kleinwagenhändler und Werkstätten mit Gebrauchtwagenverkauf in Ihrer Nähe durchforsten.

Nach einer Weile sind Sie richtig frustriert und des Sichtens müde. Sie wollen einfach nur noch irgendein Auto, mit dem Sie zur Arbeit fahren und Ihre Einkäufe erledigen können. Also entscheiden Sie sich beim letzten Händler für einen gebrauchten Kleinwagen ohne technische Raffinessen, bezahlen und fahren damit nach Hause.

Einige Monate später sitzen Sie in Ihrem Wagen und reflektieren. Ihr Auto funktioniert „ganz o.k.", denken Sie sich, nur leider erfüllt er nicht alle Ihre Wünsche, die Sie eigentlich mit einem Neuerwerb verknüpft hatten, bevor Sie auf die Suche gegangen waren.

Andererseits haben Sie inzwischen Geld in diesen nicht befriedigenden Wagen gesteckt, und Sie wollen Ihr Geld nicht zum Fenster hinauswerfen. Darum entscheiden Sie sich, ihn zu behalten, auch wenn er eine Qualität hat, die unter der liegt, die Sie eigentlich haben wollten.

Was ist schief gegangen? Wie war es möglich, dass Sie sehr genau Ihre Bedürfnisse identifiziert, die möglichen Varianten herausgefunden und sich für einen hochwertigen Mittelklassewagen mit Hybridmotor und Panoramadach entschieden haben, aber schließlich einen Kleinwagen mit Ottomotor ohne Extras genommen haben?

Die Antwort liegt in der Wahl Ihrer Bezugsquellen. Anstatt Qualitäts-Autohändler aufzusuchen, die hochwertige Mittelklassewagen verkaufen, sind Sie zu billigen Werkstätten gefahren, die gar keine hochwertigen Autos führen. Sie waren schlicht und einfach an den falschen Plätzen unterwegs.

Anders ausgedrückt: Da Sie nur am unteren Marktende Ausschau hielten, sahen Sie auch nur die schlichtesten Wagen. Demzufolge haben Sie letztendlich ein Auto niedriger Qualität gekauft. Das war nicht das, was Sie wirklich wollten oder wünschten, aber das, was Sie am Ende bekommen haben.

Denken Sie jetzt nicht, die Analogie sei zu plump gewählt! Genau das Gleiche passiert beim Anwerben und Einstellen, wenn Sie nicht an den richtigen Orten nach den Kandidaten suchen, deren Qualitäten und Eigenschaften Sie zuvor bestimmt haben. Wenn Sie an den falschen Stellen unterwegs sind, dann sehen Sie nur das untere Drittel der potenziellen Kandidaten – und am Ende stellen Sie dann aus diesem Pool ein.

Und wie sieht es aus, wenn Sie an den richtigen Orten Ihre potenziellen Kandidaten suchen, nämlich dort, wo die besten zehn Prozent zu finden sind? Genau - dann werden Sie auch Ihre neuen Mitarbeiter aus diesem Pool schöpfen!

Es kommt also nicht nur darauf an, zu erkennen, *welche Kandidaten* am besten für eine vakante Stelle geeignet sind, sondern auch zu wissen, *wo Sie zu finden sind.* Eine ordentliche Akquise ist eine der Grundlagen effektiver Rekrutierung. Wichtig ist, dass dies pro-aktiv geschieht. Damit ist Folgendes gemeint: Die meisten Einstellungen beruhen auf aktuellem, meist dringendem Bedarf. Sie beginnen damit, nach Kandidaten Ausschau zu halten, wenn Sie eine Stelle zu besetzen haben. Angesichts des Zeitdrucks befinden Sie sich in einer schlechten Ausgangslage. Da Sie jemanden brauchen, der so schnell wie möglich an Bord kommt, haben Sie schon mal den Zeitvorteil verloren. Man gelangt dann leicht in die Lage, unter Druck zu handeln, auf die Schnelle Entscheidungen zu treffen und am Ende „irgend einen" einzustellen.

Wenn Sie sich in einer Notlage befinden, dann wächst die Wahrscheinlichkeit, dass Sie schlechte Einstellungsentscheidungen treffen, erheblich. Tatsächlich ist Verzweiflung eine der bedeutendsten Ursachen für Einstellungsfehler. Aus folgenden Gründen:

- ▶ Sie sind unter Druck, ein Quantum potenzieller Kandidaten zu finden.
- ▶ Sie sind gehalten, sich zu beeilen und die vakante Position zu besetzen.
- ▶ Die Wahrscheinlichkeit steigt, dass Sie die falschen Quellen nutzen, um potenzielle Kandidaten an Land zu ziehen.
- ▶ Sie sind aufgrund des Drucks geneigt, Ihre Standards herunterzusetzen und sich mit weniger als dem Besten zufriedenzugeben.

All diese Punkte führen zu dem wichtigsten Konzept dieses Abschnitts:

Qualitätsakquise führt zu den besten Kandidaten.

3.3. Wählen Sie die geeigneten Kanäle!

Welches sind die wichtigsten Kommunikationsmittel, um Kandidaten mit der Qualität zu bekommen, die Sie brauchen? Wo müssen Sie hin, um eine ausreichende Menge Kandidaten mit den von Ihnen benötigten Eigenschaften zu finden? Hilfreich sind:

- ▶ Mitarbeiter-Empfehlungen
- ▶ unternehmenseigene Karriereseite
- ▶ Personalberater
- ▶ Social Networking-Plattformen
- ▶ Anzeigen (Online, Print, Radio, TV)
- ▶ interne Stellenausschreibungen
- ▶ Job-Messen: persönlich und online
- ▶ Professional Networking
- ▶ kreative Strategien

Tabelle 2: Effektivität von Rekrutierungsinstrumenten

	1 Sehr effektiv	2	3	4	5 Ungeeignet	Mittelwert	Sehr effektiv
Interne Referenzen Empfehlungen	35%	37%	16%	7%	2%	1,96	
Unternehmenseigene Karriereseite	8%	37%	34%	13%	2%	2,46	
Personalberater	13%	33%	26%	19%	5%	2,57	
Interne Stellenaus-schreibung	8%	28%	40%	12%	7%	2,66	
Online Jobportale wie Monster, stepstone etc.	5%	28%	34%	21%	8%	2,81	
Stellenanzeigen in Printmedien	6%	20%	38%	26%	8%	3,01	
"Social Networking" Plattformen wie XING, Linkedin etc.	3%	21%	31%	28%	11%	2,85	

QUELLE UND COPYRIGHTS: VERTRIEBSSTUDIE 2011, PROFILES GMBH, FRANKFURT/M.

Die Umfrageergebnisse zeigen ganz eindeutig, welche Rekrutierungsinstrumente als am effektivsten wahrgenommen werden. 72 Prozent der Befragten halten interne Empfehlungen und Referenzen für die effektivsten Rekrutierungsinstrumente. Klassische Stellenanzeigen in Printmedien hingegen scheinen eher aus der Mode zu kommen, während das Internet mit seinen sozialen Netzwerken und seinen Online-Job-Portalen an Bedeutung gewinnt. Wir werden die einzelnen Punkte jetzt genauer betrachten.

3.3.1. Empfehlungen von Mitarbeitern

Wenn Sie Mitarbeiter ermutigen, Top-Kandidaten zu empfehlen und sie dafür mit Incentives belohnen, können Sie wirklich fantastische Ergebnisse erzielen. In der bereits zitierten Profiles International-Umfrage „Strategische Personalauswahl im Vertrieb 2011" haben 72 Prozent der Führungskräfte in Personalabteilungen sowie einstellende Manager geantwortet, dass sie Mitarbeiterempfehlungen als „sehr effektiv" oder „effektiv" einstufen. Interne Empfehlungen stehen damit auf Platz 1 der Rekrutierungsinstrumente, um hoch qualifizierte Bewerber in den Kandidatenpool zu bekommen!

Es gibt eine Reihe von Wegen, Mitarbeiter zu Empfehlungen zu ermutigen. Unserer Erfahrung nach die beste Möglichkeit ist ein strukturiertes Empfehlungsprogramm. So ein Programm erreicht unterschiedliche wichtige Ziele:

▶ Es bietet den Mitarbeitern einen strukturierten und klaren Handlungsablauf, um einen potenziellen Bewerber zu empfehlen.
▶ Wenn Mitarbeiter potenzielle Bewerber empfehlen, erhalten sie als Dankeschön adäquate Incentives.
▶ Es bietet dem Unternehmen die Möglichkeit, Netzwerkfähigkeiten seiner Mitarbeiter zu nutzen.

Bei effektiven Mitarbeiter-Empfehlungsprogrammen können die Mitarbeiter ganz klar die Vorteile (für sich selbst und das Unternehmen) erkennen, wenn Sie Empfehlungen aussprechen. Beispiele von Arbeitnehmerleistungen für Empfehlungen können zum Beispiel sein:

▶ finanzielle Anreize
▶ Preise
▶ Anerkennung im Unternehmen
▶ Provisionen
▶ bezahlter Urlaub
▶ flexible Arbeitszeit

Bei allen hier genannten Arbeitgeberleistungen muss klar sein, unter welchen Bedingungen sie gegeben werden. Zum Beispiel könnten Sie ein paar Hotelgutscheine für jede Empfehlung ausloben, aber legen Sie fest, dass jede Belohnung nur dann zum Tragen kommt wird, wenn der Bewerber eingestellt wird und eine gewisse Zeitspanne im Unternehmen arbeitet.

Wenn Sie das Programm für die Mitarbeiter-Referenzen fertig konzipiert haben, sollten Sie es bekannt machen. Am besten mit einer Art „Launch"-Event, das regelmäßig in den entsprechenden Kommunikationskanälen beworben wird. Gerade Letzteres ist wichtig, damit sich die Programme im Gedächtnis der Mitarbeiter verankern. Zudem ist es hilfreich, einen Zeitplan für die Promotion-Aktivitäten aufzustellen, um die Mitarbeiter von Zeit zu Zeit an das Programm zu erinnern und sie über erfolgreiche Beispiele zu informieren. Auf diese Weise werden die Mitarbeiter motiviert, und es wird dafür gesorgt, dass dauerhaft ausreichend Empfehlungen für offene Positionen ausgesprochen werden. Es ist vorteilhaft, die Ressourcen, die bei Ihnen im Haus vorhanden sind, zu nutzen! Damit kommen wir zugleich zu den Möglichkeiten, die Ihre Homepage für Sie bereithält.

3.3.2. Ihre Unternehmens-Website/Ihr Job- und Karriere-Link

Ihre Unternehmens-Website bzw. die dort angebotenen Stellen eignen sich hervorragend, um potenzielle Mitarbeiter anzuziehen. Es ist der perfekte Ort, um detailliertere Informationen über das Unternehmen als Ganzes sowie detaillierte Stellenangebote zu platzieren. Sie können dort ausführlicher, dauerhafter und genauer informieren als über fremde Kanäle. In der Profiles International Studie „Strategische Personalauswahl im Vertrieb 2011" belegt diese Form der Akquise nach Meinung der Entscheider den zweiten Platz.

Bei der Gestaltung Ihrer Website gibt es wieder einige wichtige Punkte zu beachten:

▶ *Konsistent sein:* Benutzen Sie die gleiche Sprache, die Sie auf anderen Akquisekanälen verwenden. Sie können ausführlicher informieren, weil Sie mehr Raum dazu haben, aber Kernsätze, Schlüsselbegriffe und Besonderheiten sollten mit dem übereinstimmen, was Sie an anderer Stelle veröffentlichen.

▶ *Leicht zugänglich sein:* Der Stellenteil sollte für den Jobsuchenden leicht zu finden sein.

▶ *Auffindbar (searchable) sein:* Insbesondere, wenn Sie mehrere Stellenangebote oder unterschiedliche Positionen an verschiedenen Orten anbieten oder einfach regelmäßig Stellen zu besetzen haben, sollten Sie für potenzielle Kandidaten „searchable", also via Suchmaschine leicht auffindbar sein. So wird die Suche für die Kandidaten schneller und exakter, gleichzeitig erhöhen Sie die Wahrscheinlichkeit, qualifizierte Bewerbungen zu erhalten.

▶ *Genau sein:* Jede Stelle, die Sie auf Ihrer Website ausschreiben, sollte nicht nur sehr genaue Informationen über die Arbeit, sondern auch über die gewünschte Form und Zustellungsart von Lebenslauf und Bewerbung enthalten. Lassen Sie potenzielle Bewerber nicht darüber im Unklaren, was sie zu tun haben. Das wird den Ablauf für beide Seiten erleichtern. Außerdem reduzieren Sie die Zahl der Nachfragen per Telefon oder E-Mail deutlich.

Die folgenden Beispiele veranschaulichen, wie Sie den Karriereteil Ihrer Website erfolgreich gestalten können:

▶ Beispiel 1:

Eine große deutsche Airline verbindet auf ihrer Firmenhomepage die Suche nach Flugbegleitern gleich mit einem Praxis-Assessment für die potenziellen Kandidaten. Diese bekommen die Aufgabe, via Multiple-Choice verschiedene typische Konfliktsituationen aus dem Berufsalltag zu lösen. Sie bekommen bei jeder Aufgabe unmittelbar eine Rückmeldung, ob die gewählte Lösung die geeignete war, und am Ende eine Einschätzung, ob sie die nötigen Talente als Flugbegleiter mitbringen.

▶ Beispiel 2:

Eine ähnliche Strategie wird von einem großen schwedischen Möbelhaus eingesetzt. Mittels eines Quiz rund um Einrichtungsfragen und -einstellungen (Assessment, ähnlich wie bei der Fluglinie mit hohem Unterhaltungsfaktor) kann der Kandidat – noch bevor er auch nur daran denkt, eine Bewerbung zu schreiben – ein Feedback bekommen, ob er vom Typ her zu dem Möbelhaus passen könnte.

▶ Beispiel 3:

Auch Unternehmen mit technisch weniger aufwändigen Lösungen können auf ihren Homepages punkten: Einen sehr gut sortierten Karriere-Bereich hat ein führendes amerikanisches Multitechnolgie-Unternehmen, das bei Verbrauchern unter anderem für seine Büroklebezettel bekannt ist. Die deutsche Jobplattform des Unternehmens ist gut sichtbar auf der Website beschrieben und dort bestens verlinkt. Wichtige – und vor allem sympathische – Unternehmensprinzipien wie Eigeninitiative, Einfallsreichtum, „über sich hinauswachsen" und Work-Life-Balance geben die Richtung vor. Attraktiv ist das Unternehmen insbesondere durch seine in vielen Medien besprochene konstant attraktive Unternehmenskultur. Diese versetzt die Firma in die angenehme Lage, sich als „Deutschlands bester Arbeitgeber 2010" („Great Place to Work") zu präsentieren. Auch auf der Homepage selbst präsentiert sich das Unternehmen als ein lernendes, das die Kommunikation mit dem Kunden – in diesem Fall mit dem Stelleninteressenten – sucht: Mithilfe von Online-Umfragen überprüft der Konzern, wie zufrieden die Nutzer mit der Karriere-Website sind. Feedback direkt vom Kandidaten also.

▶ Beispiel 4:

Ein weiteres gelungenes Beispiel ist die Homepage eines Outdoor-Bekleidungsherstellers, der mit seiner nachhaltigen Unternehmensausrichtung a priori selektiv Bewerber anzieht, die sich für Outdoor-Aktivitäten interessieren. Die Seite ist schlicht gehalten, aber der potenzielle Kandidat erfährt unter anderem sogleich, dass das Unternehmen besonders an ihm interessiert ist, wenn er die Liebe zu

Outdoor, die Leidenschaft für Qualität und „den Wunsch, einen wirklichen Unterschied zu machen", mit den bereits im Unternehmen beschäftigten Mitarbeitern teilt. So richtet das Unternehmen mit Stammsitz in Kalifornien die Bitte an die Bewerber, bereits bei der Auswahl der Bewerbungsunterlagen umweltbewusst zu handeln.

Die Verantwortlichkeiten, Aufgaben, physischen Voraussetzungen, wie eng er mit welchen Abteilungen zusammenarbeitet, welche Aufgaben er im Einzelnen zu erfüllen hat sind als Mindestqualifikationen detailliert beschrieben. Ich habe bislang noch keine vergleichbare deutsche Website gefunden. Die Werte, für die das Unternehmen schon seit Jahrzehnten steht (Sport treiben, umweltbewusst handeln, Unterstützung sozialer Projekte, eigener Kindergarten, flexible Arbeitszeiten, kooperativer Arbeitsstil, Empfehlungskultur, freiheitliche Ausrichtung), ziehen einen Mitarbeitertypus an, der sich in vielen „klassischen" Firmen nicht wohlfühlen würde. Werte, die offenbar viele Talente begeistern. Dass das Bergsport- und Outdoor-Unternehmen 900 Bewerbungen pro Stelle bekommt, liegt sicherlich in diesem Fall nicht an einer „falschen" Anwerbestrategie, sondern in erster Linie am positiven Image, das sich das Unternehmen in seiner Zielgruppe über Jahrzehnte erarbeitet hat.

Ich unterstreiche auch in meinen Workshops, dass ein anzeigenbezogenes „Arbeitgeberbranding" nichts bringt.

Am Beispiel der hier genannten Unternehmen sehen Sie, dass es viel wichtiger ist, zunächst eine eigene Kultur zu erarbeiten. Dann muss später kein Image oder Arbeitgeberbranding mehr „aufgebaut" werden. Im besten Falle kommen die Kandidaten dann von selbst. Mir ist allerdings auch klar, dass nicht jedes Unternehmen bereits so weit ist. Oftmals geht es erst einmal darum, aktiv Kontakt(möglichkeiten) mit interessanten Kandidaten herzustellen. Wenn Sie aus Ihren eigenen Ressourcen heraus dafür nicht die Mittel haben, dann kann es sich lohnen, Know-how und Kontakte einzukaufen – womit wir bei dem Instrument sind, das die Teilnehmer unserer Vertriebsumfrage auf Platz drei gewählt haben.

3.3.3. Personalberater

Ein weiterer empfehlenswerter Weg, um eine stattliche Menge potenzieller Mitarbeiter zu akquirieren, ist es, mit einem Personalberater (HR-Berater) zusammenzuarbeiten. Diese Profis haben spezifisches Wissen, Erfahrung, Werkzeuge und Kontakte für die Akquise von Top-Personal und nutzen hierfür unterschiedlichste Kanäle.

Die Zusammenarbeit mit einem Personalberater bietet eine Reihe von Vorteilen:

▶ Zugang zu professionellem Rekrutierungs-Fachwissen
▶ kosteneffiziente Ergebnisse, verglichen mit dem Aufwand an Ressourcen, die im eigenen Haus nötig wären
▶ Zugang zu den Berater-Datenbanken mit potenziellen Kandidaten
▶ kreative Strategien und Werkzeuge
▶ Ergebnisorientierung

Viele Unternehmen weigern sich, einen Personalberater für die Personalsuche einzusetzen, teilweise, weil sie glauben, dass ihr eigenes Personal dasselbe erledigen könnte. In einigen Fällen ist das sicher zutreffend, aber oftmals eben auch nicht. Denn ein externer Berater kann Informationen, Erfahrung, Ressourcen und Werkzeuge in den Rekrutierungsablauf bringen, welche die Firma nicht selbst vorhält.

Einen Berater zu nutzen, ist vor allem dann sinnvoll, wenn Sie auf spezifisches Vertriebswissen zugreifen wollen und Sie genau wissen, welches Unternehmen sich darauf spezialisiert hat. Spezialisierte Berater können sehr effektiv darin sein, Ihre Zielgruppe zu erreichen.

Die Resultate sind meistens die Honorarzahlungen wert. 46 Prozent der Befragten in der jüngsten Profiles International-Vertriebsumfrage („Strategische Personalauswahl im Vertrieb 2011", siehe Tabelle 2 auf Seite 49) halten einen Personalberater für ein effektives bis sehr effektives Rekrutierungsinstrument, sodass dieses Instrument auf Platz drei in der Beliebtheitsskala landete. Wenn Sie sich nicht sicher sind, ob es für Sie der richtige Weg ist, empfiehlt sich folgendes Vorgehen: Nehmen Sie mit einem oder zwei dieser Profis Kontakt auf und lassen Sie sich informieren und beraten. Das kostet Sie nichts und wird Sie schon viel weiter bringen. Sie erfahren, was ein Berater für Sie tun könnte, und Sie können gut informiert eine Entscheidung treffen, ob Sie die Dienste in Anspruch nehmen möchten. Doch gleichgültig, ob Sie sich für einen Berater entscheiden oder nicht - am Thema des folgenden Abschnitts kommt künftig kaum noch ein Unternehmen vorbei: soziale Netzwerke im World Wide Web.

3.3.4. Social-Networking-Seiten

Der wohl der am schnellsten wachsende Kanal, um Zielkandidaten zu finden, sind Social-Networking-Seiten wie:

▶ LinkedIn
▶ Xing
▶ Facebook
▶ MySpace
▶ Twitter

Obwohl einige dieser Seiten ursprünglich zum Zweck des Social Networking entstanden sind, haben Sie sich schnell zu effektiven Plattformen für gezielte Rekrutierungsaktivitäten entwickelt. Social Networking ist populär und wächst rasant. Was noch mehr wiegt, ist, dass Social-Networking-Webseiten es extrem leicht machen, gezielte Strategien anzuwenden, um wie ein Laser den Typus, den Sie anziehen wollen, in den Fokus zu nehmen.

Denken Sie nicht, Social Networking sei nur eine vorübergehende Modeerscheinung. Die jüngsten Untersuchungen über Social Reruitment zeigen vielmehr, dass Arbeitgeber mehr über soziale Netzwerke wie LinkedIn, Facebook und Twitter rekrutieren als je zuvor. Neuere Untersuchungen belegen, dass 80 Prozent dieser bereits aktiven Unternehmen die genannten Kanäle in den nächsten Jahren noch stärker nutzen wollen als bisher.

Warum ist das so? Unternehmen, die diese Kanäle nutzen, berichten von größerer Zufriedenheit mit der Zahl und Qualität der Bewerber als bei traditionellen Anwerbungskanälen wie Jobbörsen, Anzeigen und Ähnlichem. Daraus folgt, dass Unternehmen in den kommenden Jahren sehr wahrscheinlich ihre Ausgaben für Job-Börsen und Job-Vermittler zugunsten von Instrumenten für soziale Netzwerke reduzieren werden.

Die Zukunft der Anwerbung über soziale Netzwerke sieht in der Tat vielversprechend aus – sowohl für Arbeitgeber als auch für Bewerber. Leistungsträger werden zunehmend feststellen, dass sie neue Positionen aufgrund gezielterer und genauerer Auswahl bzw. detaillierterer Informationen über Unternehmen effizienter und effektiver finden können. Unternehmen ihrerseits werden zunehmend davon profitieren, dass Anwerbung und Einstellung effizienter und weniger umständlich für sie verläuft.

Die meisten Unternehmen haben Routineabläufe und ein Ablagesystem, um Bewerbungen zu sammeln. Sie pflegen eine eigene Datenbank für Bewerbungen. Jedes Mal, wenn eine Bewerbung eintrifft, gleich ob für eine offene Position oder als Initiativbewerbung für „später einmal", nehmen die Unternehmen die Unterlagen und legen sie in ihrem eigenen System entsprechend ab: Einige machen das nach Eingangsdatum, andere nach Ausbildung und Hintergrund, wieder andere verwalten sie elektronisch, sodass sie nach Schlüsselbegriffen aufgefunden werden können.

Das ist viel Arbeit, kostet eine Menge Zeit und wertvolle Ressourcen, um die Sache funktionsfähig zu halten. Und was die Angelegenheit noch viel komplizierter macht, sind die aktuellen Datenschutzgesetze, die eine gesetzeskonforme Datenaufbereitung sehr erschweren. Veranschaulicht man sich dagegen, wie schnell und einfach Unternehmen Zugang zu einer großen Datenbank von Talenten über Soziale-Netzwerk-Kanäle wie LinkedIn oder Xing haben, ist das natürlich attraktiv. Die eigene Bewerber-Datenbank schadet sicher nicht – es ist sogar eine gute Alternative, sie weiter zu pflegen, wenn auch vielleicht mit weniger Aufwand. Fakt ist jedenfalls, dass Unternehmen sich über die Social-Networking-Seiten an einer größeren Datenbank von Lebensläufen bedienen können, die oftmals weitaus besser recherchierbar sind als hauseigene Systeme. Außerdem sind die Daten in der Regel auf dem neuesten Stand, weil sie von den Kandidaten selbst gepflegt und aktualisiert werden.

Allerdings läuft auch das Rekrutieren über Social-Networking-Seiten nicht von selbst. Sie müssen sich einarbeiten und Zeit investieren. Viele Firmen machen immer noch den Fehler und denken, es sei damit getan, eine Facebook-Seite zu installieren. Damit haben sie sich natürlich noch keinen einigen Facebook-Kontakt erarbeitet. Lernen Sie von Seiten, die Ihnen selbst, Ihren Kollegen oder Ihren besten Mitarbeitern gefallen, wie man Inhalte präsentiert und interessante Beiträge einbringt. Es ist ein Prinzip des Gebens und Nehmens.

Ich sagte es schon: Viele Unternehmen nutzen diesen Kanal bereits, und diese Praxis wird weiter zunehmen. Malen Sie sich einmal die Möglichkeiten in drei, vier oder fünf Jahren aus, wenn LinkedIn – oder in Deutschland vor allem Xing und Facebook – als Heimstatt eines Talent-Pools erschlossen werden, die buchstäblich viele hundert Millionen Menschen umfassen. Sie können daran teilhaben, wenn Sie bereit sind, Ihrerseits in diese Pools zu investieren.

So interessant die Online-Portale auch sind – viele Kandidatenkontakte spielen nicht nur auf der virtuellen, sondern auch auf der persönlichen Ebene. Wenden wir uns darum jetzt internen Ausschreibungen zu.

3.3.5. Interne Ausschreibungen

Internes Ausschreiben vakanter Positionen ist aus verschieden Gründen ein interessanter Weg, um qualifizierte Kandidaten zu erreichen:

▶ Sie haben Zugang zu Menschen mit Erfahrung, Training und unternehmensspezifischem Wissen.
▶ Ihre Mitarbeiter sehen, dass es innerhalb des Unternehmens Entwicklungsmöglichkeiten gibt. Sie werden also viel dafür tun, um ihre Fähigkeiten zu verbessern und ihre beruflichen Vorgaben zu erfüllen.
▶ Sie sparen Zeit für Anwerbung und Einstellung.
▶ Sie sparen Geld, indem Sie den Vorteil nutzen, eigene Talente einzusetzen.
▶ Sie sparen Einarbeitungszeit, weil der Mitarbeiter sich bereits auskennt und nicht erst das Unternehmen, die Produkte und Dienstleistungen kennen lernen muss.
▶ Die Mitarbeiterbindung erhöht sich, denn die Angestellten sehen, dass Ihr Unternehmen Kompetenz und Einsatz honoriert.

Mir ist natürlich bewusst, dass Unternehmen das Instrument der internen Stellenausschreibung nutzen. Das sprichwörtliche „Schwarze Brett" kennen wir alle. Genau hier gibt es meines Erachtens aber noch Luft nach oben. Ich meine damit, dass weder interne noch externe Stellenanzeigen langweilig geschrieben sein sollten. Was das für Anzeigen - auch am virtuellen oder tatsächlichen „Schwarzen Brett" – heißen kann, erläutere ich ausführlich im Zusammenhang mit dem Gestalten effektiver Anzeigen.

Im Übrigen bedeutet internes Ausschreiben ja ohnehin nicht, dass Sie nicht nach externen Kandidaten fahnden sollten. Es heißt vielmehr, wenn alles andere ebenbürtig ist, dann ist der interne Kandidat oft die beste Wahl für den langfristigen Erfolg.

3.3.6. Anzeigen

Die Rekrutierungsinstrumente, die in der Profiles International-Vertriebsumfrage 2011 auf den Plätzen vier, fünf und sechs (siehe Tabelle 2 auf Seite 49) gelandet sind, haben eines gemein: Sie basieren alle auf Anzeigen. Deshalb werden sie im Folgenden ausführlich vorgestellt.

Anzeigen werden heute sinnvollerweise in mehreren Kanälen geschaltet: unter anderem in Online-Stellenbörsen, Printmedien und auf Karriereseiten, aber je nach Unternehmen und gesuchten Kandidaten sind zum Beispiel auch Radio und TV-Spots dabei. Auch auf Ihrer Unternehmenshomepage oder dem eben angesprochenen „Schwarzen Brett" finden sich Stellenzeigen. Je nach Medium ziehen Sie unterschiedliche Kandidaten an und erzielen unterschiedliche Reichweiten. Das klingt selbstverständlich, zieht aber die oft unterschätzte Konsequenz nach sich, dass Sie sich vor dem Veröffentlichen einer Anzeige intensiv damit auseinandersetzen sollten, wen Sie wo am besten erreichen.

Grundsätzlich gilt: Je spezifischer Anzeigen gestaltet und positioniert werden, desto besser die Ergebnisse.

Beginnen wir mit einigen Basisregeln, die zu berücksichtigen sind:

▶ *Wählen Sie sorgfältig aus!* Es gibt eine Reihe Stellenanzeigenbörsen im Internet. Viele von ihnen sind groß und stark frequentiert; allerdings sind sie in den meisten Fällen zu sehr „Massenmärkte", um tatsächlich die Top-Kandidaten zu erreichen, die Sie brauchen. Es empfiehlt sich daher (zusätzlich oder ausschließlich), kleinere, spezialisierte Seiten zu nutzen, die stärker auf die Spitzenverkäufer zugeschnitten sind, die Sie anziehen wollen.

▶ *Fragen Sie Ihre Leistungsträger!* Erkundigen Sie sich bei Ihren erfolgreichsten Verkäufern, in welchen Netzwerken sie aktiv sind. Sammeln Sie bei ihnen Informationen über diese entsprechenden Seiten, Börsen, Foren und Marktplätze.

▶ *Fokussieren Sie Ihr Ziel!* Sie haben ein detailliertes Profil Ihrer Zielgruppe. Folglich fokussieren Sie sich auf die Stellenbörsen, an denen Sie diese mit der höchsten Wahrscheinlichkeit finden. Seiten von Berufsorganisationen, Verkaufsgruppen und Anbietern, die auf erfahrene Verkäufer ausgerichtet sind, sollten Sie daher unbedingt in Ihre Suche integrieren.

▶ *Seien Sie kreativ!* Stellenangebote für Verkaufspositionen gibt es reichlich – und meistens hören sie sich alle gleich an. Verschwinden Sie mit Ihrer Anzeige nicht unbeachtet in der Masse, sondern seien Sie kreativ und treffsicher in den Aussagen, die Sie formulieren. Rufen Sie sich in Erinnerung, wie wichtig es ist, wirkungsvolle Botschaften zu senden. Sie wollen ja die Aufmerksamkeit der Kandidaten erregen. Nutzen Sie deshalb besondere Schlüsselworte und Aussagen, die genau auf Ihren Kandidatentyp zugeschnitten sind bzw. Signalwirkung für ihn haben. Haben Sie vor allem keine Angst, sprachlich in Randbereiche vorzudringen oder auch einmal zu provozieren. Es ist ganz einfach so: Mit einer spannenden Überschrift bekommen Sie mehr Leser! Wenn Sie jemand Besonderes für die Telefonakquise suchen, dann verwenden Sie nicht das übliche „Branchen-Blabla". Unser Unternehmen hatte zum Beispiel eine Position in der Telefonakquise unter der Überschrift „Geben Sie uns Ihre Stimme!" annonciert. Das hatte zur Folge, dass wir aus einer Reihe engagierter, aufgeweckter Verkäufer mit angenehmer Telefonstimme auswählen konnten. Wagen Sie etwas! Sie werden überrascht sein, wie Ihr Mut mit Bewerbungen von interessanten Kandidaten belohnt wird.

▶ *Nicht nur posten, sondern partizipieren!* Sehen Sie sich um nach Foren, Diskussionsgruppen und Blogs, wo Ihre potenziellen Kandidaten sich vermutlich aufhalten und nehmen Sie aktiv teil! Nehmen Sie sich die Zeit, um interessanten Diskussionsbeiträgen (Threads) zu folgen. Beteiligen Sie sich an Diskussion und nutzen Sie die Gelegenheit, etwas von sich und Ihrem Unternehmen einfließen zu lassen. Aber mit Fingerspitzengefühl – plumpe „Werbung" kommt besonders bei den jungen Nutzern nicht gut an. Aufmerksamkeit ist die neue Währung, gerade in den sozialen Medien, auf die ich noch gesondert eingehen werde. Wenn Sie aktiv und mit Beiträgen teilnehmen, die viele Menschen interessieren, werden mehr Menschen auf Sie aufmerksam und die Chancen steigen, dass Top-Mitarbeiter sich für Ihre angebotenen Positionen interessieren.

Denken Sie immer daran: Heben Sie sich von den Durchschnittsunternehmen positiv ab! Richten Sie den Fokus ausschließlich auf die passende Zielgruppe. Keine Frage, Sie brauchen ein gewisses Quantum an Kandidaten, aber die ganze Anstrengung lohnt nicht, wenn die Masse der Kandidaten nicht geeignet ist.

Wenn Stellenanzeigen nicht sinnvoll und gezielt eingesetzt werden, dann haben Sie am Ende nicht die gewünschte Menge Top-Kandidaten, sondern einen Riesenstapel Bewerbungen vor sich. Das bedeutet, dass Sie wertvolle Ressourcen darauf verwenden, in dem Stapel nach ein oder zwei Kandidaten zu suchen, die zu Ihrer Zielgruppe gehören könnten. In dem Fall wären Sie besser beraten, mittels ausgewählter Suchkanäle gezielt zu den geeigneten Kandidaten zu gelangen.

Die hier genannten Prinzipien gelten für jede Art von Anzeige – gleich, ob sie nun im Internet, in Printmedien oder via Radio oder TV publiziert werden –, und sie gelten sogar unabhängig davon, ob sie intern oder extern veröffentlicht werden.

Ich habe es bereits kurz angesprochen: In den vergangen Jahren gab es viele Anzeigen, die dem Gedanken des „Arbeitgeber-Brandings" folgten. Die Idee war, dass das Unternehmen als Arbeitgeber in der gleichen Weise vermarktet werden sollte wie andere Produkte des Unternehmens auch, um sich als attraktive „Arbeitgeber-Marke" am Markt zu präsentieren.

Um es ohne Umschweife zu sagen: Das ist keine empfehlenswerte Art, Zeit, Geld und Energie einzusetzen. Sicher ist es wichtig, auf Dauer eine stabile (Arbeitgeber-) Marke zu etablieren, aber das sollte ohnehin Teil der Markenstrategie des gesamten Unternehmens sein. In eine separate Arbeitgeber-Markenstrategie zu investieren, ist kurzfristig nicht notwendig und auch nicht von Vorteil – langfristig zieht es ärgerliche Extra-Kosten nach sich.

Weitaus effektiver ist es, die ohnehin existierende Branding-Strategie des Unternehmens auf die Rekrutierungsanzeigen anzuwenden. Auf diese Weise nutzt man die Stärke der Marke, um seine Botschaften zu adressieren und das Unternehmen als attraktiven Arbeitgeber zu positionieren.

Eigenschaften guter Anzeigen

Was macht Stellenanzeigen unabhängig vom Markenaspekt anziehend und effektiv? Hier einige Eigenschaften gelungener Anzeigen:

▶ *Botschaft:* Die Botschaft muss sowohl effektiv Inhalte über das Unternehmen kommunizieren als auch das Interesse potenzieller Kandidaten auf sich ziehen.
▶ *Ziel(gruppe):* Ihre Anzeige muss auf die Zielgruppe zugeschnitten sein, die Sie erreichen wollen, sowohl inhaltlich als auch in Hinblick darauf, wo Sie die Anzeige einsetzen.
▶ *Interesse:* Die Anzeige, die Sie schalten, muss das Interesse der Zielgruppe gewinnen – und eben nicht das der Mehrheit des Publikums. Denken Sie immer daran: Sie wollen einen bestimmten Typus anziehen. Also gestalten Sie Ihre Anzeige so, dass diejenigen interessiert sind, die Sie wollen und brauchen und nicht jeder X-Beliebige.

Mit diesen Kernelementen im Sinn, wenden wir uns jetzt einem weiteren Teil Ihrer Werbung bzw. Anzeige zu: der Stellenbeschreibung.

Eine effektive Stellenbeschreibung in der Anzeige

Die Stellenbeschreibung ist von höchster Wichtigkeit, weil sie dem Leser auf einfache und schnelle Weise hilft zu entscheiden, ob er die passenden Eigenschaften und Fähigkeiten mitbringt. Machen Sie sich klar: Der Leser ist genauso daran interessiert, nur die „Best Fit"-Positionen zu selektieren, wie Sie daran interessiert sind, möglichst nur die „Best Fit"-Kandidaten zu erreichen.

Eine effektive Stellenbeschreibung in einer Stellenanzeige sollte Folgendes berücksichtigen bzw. beinhalten:

▶ Beschreiben Sie die Tätigkeit und nicht die Person, die Sie suchen!
▶ Legen Sie den Fokus in Bezug auf die Stellenbeschreibung auf das, was in der Position zu „tun" ist, und weniger darauf, was der Kandidat „haben" sollte!
▶ Nutzen Sie Schlüsselsätze und Definitionen aus Ihrer detaillierten Stellenbeschreibung!
▶ Nutzen Sie Kernsätze und Definitionen aus dem detaillierten Anforderungsprofil, das Sie erarbeitet haben.

Da Sie einen bestimmten Kandidatentyp ansprechen wollen, der sich aus Stellenbeschreibung und Anforderungsprofil ergibt, nutzen Sie auch die Sprache, die Sie in diesen Dokumenten verwendet haben. Wieso? Weil das in aller Regel die Sprache ist, von der sich dieser bestimmte Kandidatentyp am stärksten angesprochen und angezogen fühlt.

Der nächste Schritt zur effektiven Stellenanzeige ist, sich zu versichern, dass Ihre Werbung hinreichend Rückmeldungen bekommt. Wie ich bereits angemerkt habe, hängt das vor allem von Ihrer Überschrift ab. Wir erinnern uns: Eine packende, vielleicht sogar eine reißerische Überschrift zieht die Aufmerksamkeit Ihrer Zielgruppe auf sich. Mit der entsprechenden Sprache im Textteil Ihrer Anzeige können Sie dann die Aufmerksamkeit Ihrer Zielkandidaten weiter binden.

Welche Überschrift passt?

Auch hier gibt es drei Basisregeln. Eine wirkungsvolle Überschrift muss folgende Eigenschaften besitzen:

1. Sie muss Ihre Fokus-Gruppe ansprechen.
2. Sie muss Qualitäten ansprechen, die Ihre Zielkandidaten anziehen.
3. Sie muss die Positionsbezeichnung (Außendienstmitarbeiter, Produktmanager etc.) beinhalten.

Entscheiden ist auch hier ein klares, detailliertes und zielgerichtetes Vorgehen. Auch in Bezug auf die Ausschreibung lohnt sich die Zeit, die sie am Anfang investieren, weil Sie sich am Ende nicht mühsam durch Bewerbungen von Kandidaten durcharbeiten müssen, die einfach nicht passen.

Nicht zuletzt erinnere ich Sie an das Thema Kreativität. Ich habe Sie aufgefordert, kreativ zu sein, wenn Sie sich in für Ihre Kandidaten interessanten Foren und Job-Börsen bewegen. Genauso wichtig ist es, kreativ in Ihren Stellenausschreibungen zu sein.

Wenn Sie noch daran zweifeln, wie wichtig das ist, dann schauen sich doch mal einen Schwung Stellenanzeigen für Vertriebspositionen in Ihrer Zeitung oder in einer der Stellenbörsen im Internet an. Es wird nicht lange dauern, und Sie werden sich gelangweilt, ermüdet und wiederum gelangweilt fühlen, weil alle diese Anzeigen zu einem Einheitsbrei verschwimmen, weil Sie im Prinzip alle gleich sind. Spricht dieser „Einheitsbrei" Ihre Zielgruppe an? Selbstverständlich nicht!

Ihre Stellenangebote befinden sich typischerweise im Wettbewerb mit denen etlicher anderer Unternehmen. Wenn Sie also die Aufmerksamkeit Ihrer Zielgruppe gewinnen wollen, dann müssen Sie dafür sorgen, dass Ihre Stellenangebote sich von der Masse abheben. Sie schaffen das, indem Sie kreativ und einzigartig sind und indem Sie die Voraussetzungen und Tätigkeiten zielorientiert beschreiben. Wichtig ist es, sich von den Anzeigen der Konkurrenz abzuheben.

Hier sind einige Beispiele, die Sie auf die richtige Fährte bringen:

⏵ BEISPIEL

Angenommen, Sie haben ein oder mehrere Produkte oder Dienstleistungen, die zwar „nice to have", aber nicht unbedingt nötig sind für potenzielle Kunden. Was für einen Verkäufer stellen Sie sich dann als neuen Mitarbeiter vor? Einen, der auf die Anzeige „Vetriebsmitarbeiter gesucht" reagiert, oder einen, der sich von der Überschrift „Jagen statt sammeln: Vertriebsprofi mit Biss" angezogen fühlt? Welche Anzeige hat mehr Kraft?

⏵ EIN ANDERES BEISPIEL:

Sie suchen jemanden mit außergewöhnlichen Marketingfähigkeiten. In diesem Fall schreiben Sie natürlich nicht: „Marketing-Assistent gesucht". Auch hier habe ich ein schönes Beispiel, das wir für einen Kunden mit folgender Headline inseriert haben: „A marketing wizard who knows what to buy so he could sell with profit." Gesucht wurde hier also ein Marketing-Talent, wenn nicht gar ein Marketing-Genie, das Trends antizipieren und deshalb profitabel verkaufen kann. Durch die Übersetzung ins Deutsche geht leider etwas verloren, dass „Wizard" auch mit „Zauberer" oder „Magier" übersetzt werden kann – was auch im Untertext dieser Anzeige wieder aufgenommen wurde: „This person should [...] be a unique combination of a manager, fortune-teller, a damn good business(wo)man or even an excellent horse-trader." Gesucht wurde also eine Kombination aus Manager, Wahrsager und Pferdehändler – also jemand, der vielleicht nicht mit allen, aber doch bereits mit vielen Wassern gewaschen ist.

Der Kunde, der diesen Marketingspezialisten suchte, wollte natürlich auch keine lahme Ente, sondern jemanden, der sich außerdem durch die folgenden Qualitäten auszeichnete. Er sollte haben: „the speed of a sprinter to jump on unexpected opportunity instantly and the endurance and patience of a marathon champion to keep on negotiating until the deal is sealed" – also jemanden, der mit der Schnelligkeit eines Sprinters Gelegenheiten ergreift und mit der Ausdauer eines Marathon-Siegers verhandelt, bis er den Abschluss in der Tasche hat. Sie werden mir zustimmen: Diese bildhafte Beschreibung wirkt plakativer und lebendiger als „Marketing-Assistent gesucht". Dementsprechend bewarben sich auf diese Anzeige auch vor allem Kandidaten, die sich in diesen Beschreibungen wiederfanden.

Mein Unternehmen berät seit Jahren Kunden dabei, ihre Anzeigen spannender und treffender zu gestalten. Folgende Praxistipps kann ich an Sie weitergeben:

▶ Wenn Sie eine echte Persönlichkeit brauchen, dann schreiben Sie zum Beispiel „Vertriebsprofi mit Profil: Wir lieben Ihre Ecken und Kanten" (oder alternativ: „Zeigen Sie uns Ihre Ecken und Kanten!"). Weitere Möglichkeiten könnten sein: „Diese Stelle verlangt Profil: Vertriebsprofi ..." oder „Geben Sie dieser Position Ihr Profil: Vertriebsprofi ..."

▶ Wenn Sie den Schwerpunkt auf Selbstmotivation legen, warum formulieren Sie dann nicht: „Taten statt warten: Vertriebsprofi gesucht!"

Ein weiteres Unternehmen, das wir dabei unterstützt haben, eine Anzeige für einen Verkaufs- und Marketingmanager zu formulieren, fand mit folgenden Formulierungen ihren idealen Kandidaten: „Sales and Marketing Manager: With a brain better than a computer - As dynamic as the solar system - Always wears two hats - And has a multi-channel mind". Es wurde somit ein Sales & Marketing Manager gesucht, der so intelligent wie ein Computer und so dynamisch wie das Sonnensystem ist, der in der Lage sein sollte, mehrere Bälle gleichzeitig in der Luft zu halten, und außerdem Multi-tasking-Fähigkeiten mitbringt. Glauben Sie mir: Auf so eine Anzeige meldet sich kein Kandidat, der nur mal gerade eben wieder die Probezeit durchbringen will, und auch niemand, der nicht weiß, was er sonst tun soll!

Natürlich sind einige der hier genannten Textbeispiele eher unbescheiden formuliert, aber dieser Mut, sich nach oben zu orientieren, wird fast immer belohnt – zumindest ist mir in den vielen Jahren Beratungspraxis kein Fall bekannt, in dem die Anzeigen nicht im gewünschten Sinne gewirkt hätten. Die Kandidaten, die sich auf diese Anzeigen melden, haben mit Sicherheit mehr zu bieten, als diejenigen, die sich auf die „Einheitsbrei"-Anzeigen bewerben. Verkaufen bedeutet auch, sich von anderen abzuheben. Stehen Sie zu Ihrer Einzigartigkeit und zu Ihren besonderen Ansprüchen – und freuen Sie sich auf die Kandidaten, die Sie auf diesem Weg voranbringen können.

3.3.7. Jobmessen: persönlich und online

Es gibt natürlich noch eine Reihe weiterer Instrumente, die in unserer Umfrage über die Kanäle nicht vorn ins Ranking gekommen sind, aber gleichwohl erwähnt werden sollten. Dazu zählen Jobmessen. Sie sind ein klassischer Kanal, um potenzielle Kandidaten zu finden. Obwohl sie eine stattliche Anzahl von Bewerbern und oft auch eine ordentliche Zahl von Unternehmen anziehen, ist ihre Effektivität doch in vielen Fällen für beide Seiten eingeschränkt. Aus diesem Grund wurden sie in unserer Umfrage nicht berücksichtigt.

Für die Jobsuchenden läuft es oft darauf hinaus, von Raum zu Raum und von Stand zu Stand beziehungsweise von Tisch zu Tisch zu laufen und ihre Bewerbung in die „In-Box" der Unternehmen zu werfen. Es gibt meist nur wenig Gelegenheit, die Suche zielgerichteter zu gestalten. Hierfür benötigt man besonders in Deutschland einige Vorrecherchen. So erweist es sich oft als schwierig, einmal persönlich mit einem Unternehmensvertreter zu sprechen.

Für Arbeitgeber ist solch eine Jobmesse eher eine Public-Relations-Veranstaltung als ein Mittel, um Kandidaten zu finden. Es ist eine Gelegenheit, die organisierende Institution zu unterstützen, sein Gesicht in der Öffentlichkeit zu zeigen und einen netten Schwung Bewerbungen einzusammeln, der dann in die firmeneigene Datenbank eingepflegt werden kann. Vom Effektivitätsstandpunkt her ist es für viele Unternehmen zeitraubend, arbeitsintensiv und von begrenztem Wert. Allerdings kenne ich druchaus Unternehmen, die davon profitieren und auf diese Weise motivierte Auszubildende finden.

Online-Jobbörsen werden zunehmend populärer, da sie diese Events etwas effizienter machen. In vielen Fällen jedoch sind sie im Grunde nichts anderes als Stellensuch- bzw. Stellenangebotsseiten. Sie bieten die Möglichkeit, Unternehmensbroschüren downzuloaden und Bewerbungen direkt zu den Firmen upzuloaden. Manchmal gibt es auch Chat Rooms, Diskussionsforen oder Live-Video-Feeds, die es Arbeitgebern und Bewerbern ermöglichen, via Internet zu kommunizieren.

In den meisten Fällen sind Jobmessen (gleich ob online oder persönlich) nicht gerade die effektivsten Mittel für gezielte Anwerbung. Gleichwohl schadet es nicht, diese Veranstaltungen im Auge zu behalten. So können Sie die besten Börsen mit dazu nutzen, um vielleicht auch über diesen Weg interessante Kandidaten für Ihre offenen Vertriebsstellen zu gewinnen. Es hängt sehr stark vom eigenen Einsatz und dem Unternehmen ab, wie die Bilanz einer Jobmesse ausfällt. Dies gilt noch mehr für den nun folgenden „Klassiker".

3.3.8. Professionelles Netzwerken

Professional Networking ist ebenfalls ein klassischer Weg, um mit potenziellen Kandidaten in Kontakt zu kommen. Der Fokus liegt dabei nicht nur auf Arbeits- bzw. Kandidatensuche. Der Nutzen professionellen Netzwerkens beinhaltet auch Bildungsangebote, Workshops, Seminare, Informationsaustausch, berufliche Freundschaften und mehr. Im vorliegenden Buch konzentrieren wir uns jedoch auf die personalrelevanten Aspekte.

Wir haben schon an anderer Stelle über den enormen Wert von Mitarbeiterempfehlungen gesprochen. Gleiches gilt für berufsbezogenes Netzwerken. Wenn Sie in einem professionellen Netzwerk aktiv sind, dann lernen Sie andere Menschen in Ihrem Berufsfeld oder in Ihrem Fachgebiet kennen, sodass Sie die vielen Kontakte nutzen können, um Ihre offenen Stellen zu besetzen.

Wie können Sie auf diese Weise professionell Verbindungen knüpfen? Hierfür sollten Sie in mindestens zwei oder drei Organisationen oder Gruppen aktiv werden. Hilfreich sind in diesem Zusammenhang auch Berufsorganisationen. Auch gesellschaftliche oder berufsständische Organisationen können gut als professionelle Netzwerke funktionieren. Dies sind beispielsweise Handelskammern, Fördervereine, gesellschaftliche Projektgruppen, Business-Networking-Vereinigungen und Führungskräfte-Zirkel.

Folgende Instrumente sind über professionelle Netzwerke nutzbar:

▶ Newsletter
▶ monatliche Gruppentreffen
▶ gegenseitiger Austausch
▶ Mittagessen, Abendessen und spezielle Events
▶ Ausschuss- und Gruppenleitungsfunktionen

Mithilfe dieser Werkzeuge können Sie sich in professionellen Netzwerken engagieren. Nebenbei eröffnet man sich viele Rekrutierungsmöglichkeiten. Außerdem erweitert man in einer geeigneten Networking-Gruppe stetig den Horizont über die Fragestellungen des eigenen Unternehmens hinaus – und findet für viele (Rekrutierungs-)Herausforderungen leichter kreative Lösungen.

3.4. Seien Sie kreativ!

Im folgenden Anschnitt beschäftigen wir uns mit den kreativen Strategien, die Sie für Ihre Personalrekrutierung einsetzen können. Kreativität ist in diesem starken Wettbewerbsumfeld ein wichtiger Ansatz, der Aufmerksamkeit erregt.

❚❙❘ Beispiel:
Ein schwedisches Investmentunternehmen hat folgende kreative und äußerst effektive Strategie angewendet: Das Unternehmen hatte entschieden, in Frankfurt am Main zu investieren, doch der Einstieg war nicht leicht. Zum einen gab es viele Venture-Capital-Unternehmen, die im Internet um die besten Mitarbeiter kämpften. Zum anderen gab es einen generellen Mengel an qualifiziertem Personal in

der Finanzbranche. Das Unternehmen tat alles, was es konnte, um entsprechende Talente zu finden und anzuziehen. Die Personalabteilung schaltete Anzeigen, arbeitete mit Arbeitsvermittlern, setzte Headhunter ein. Das Unternehmen holte sich Berater ins Haus und nutzte professionelle Netzwerke, aber nichts funktionierte. Die offenen Stellen des Unternehmens blieben unbesetzt, weil es einfach nicht die Bewerber fand, die es brauchte. Die Verantwortlichen entschieden also, etwas völlig anderes zu probieren. Das Unternehmen beauftragte eine Werbeagentur damit, eine Strategie zu entwerfen, die die Aufmerksamkeit geeigneter Kandidaten wecken sollte.

Zunächst wurden einige attraktive junge Frauen am Eingang von Banken und U-Bahnausgängen in der Nähe der Banken positioniert. Jede dieser jungen Frauen händigte den Mitarbeitern, die die Banken betraten, ein Werbe-Lunch-Paket aus. Dieses Lunch Paket enthielt Folgendes:

- ▶ ein Sandwich
- ▶ eine ABBA-CD mit dem Lied „Money, Money"
- ▶ 50 Schwedische Kronen
- ▶ ein Anschreiben des Unternehmens

Jeder, der die im Paket enthaltenen 50 Schwedischen Kronen zusammen mit seinem Lebenslauf an das Unternehmen schickte, sollte 50 DM erhalten. Damals waren 50 DM etwa doppelt so viel wert wie 50 Kronen. Raten Sie, was geschah? Das Unternehmen erhielt innerhalb kurzer Zeit eine große Zahl von Lebensläufen. Um genau zu sein: Es war ein Rekordrücklauf.

Aus dieser Datenbank potenzieller Kandidaten stellte das Unternehmen innerhalb kürzester Zeit ein außerordentlich starkes Team zusammen. Was noch bedeutender war: Das Unternehmen etablierte seinen Namen sehr schnell im Sektor der Finanzdienstleistungen – dank der kreativen Rekrutierungsstrategie und der Qualität des neuen Teams.

Und der Aufwand? Der Aufwand war äußerst gering. 20 Damen waren lediglich einen einzigen Vormittag damit beschäftigt, Lunch-Pakete auszuteilen.

Dieses Beispiel zeigt, dass das Rekrutieren potenzieller Bewerber nicht langweilig sein muss. Geht man kreativ an die Sache heran, stärkt das Unternehmen das eigene Markenprofil, und ganz nebenbei bekommt die Firma meistens genau die Bewerber, die sie braucht. Lassen Sie sich von dieser Kreativität anstecken!

▣ BEISPIEL:

Eine weitere überaus originelle Rekrutierungsaktion ließ sich eine Hamburger Werbeagentur für die Verstärkung ihres eigenen Mitarbeiterstamms einfallen. Die Idee, die hinter der Kampagne stand, war folgende: Die heutigen Digital Creatives haben häufig lange Arbeitstage und wenig Zeit, um zwischendurch eine

Snackpause einzulegen. Die Werbeagentur machte sich genau diesen Umstand zunutze, als sie neue engagierte Mitarbeiter suchte. Sie stellte keine Anzeigen mit flotten Sprüchen in die Zeitung und nutzte auch nicht die Social-Media-Schiene. Nein, sie kooperierte mit einer nahe gelegenen Pizza-Bäckerei, bei der ihre Mitarbeiter – wie etliche andere renommierte Kreativagenturen der Hansestadt auch – häufiger Pizza bestellten, wenn sie mal wieder abends Überstunden schoben.

Die Anwerbung geschah folgendermaßen: Bestellten Mitarbeiter einer der zuvor dem Pizzabäcker genannten Agenturen bei dessen Lieferdienst Essen, bekamen diese zu ihrer Bestellung eine zusätzliche Pizza mitgeliefert. Das Besondere: Die zusätzliche Pizza war mit einem Barcode aus Tomatenpaste bedeckt. Wer diesen Code mit seinem Handy scannte, landete direkt auf einer mobilen Landingpage der Werbeagentur, genauer gesagt: bei der dortigen Stellenausschreibung. Dieser schmackhafte Kandidatenrekrutierungsservice wurde vier Wochen lang gefahren und ermöglichte es der Agentur, mit Bewerbern, die sich aufgrund der Aktion meldeten, zwei neue Teams zusammenzustellen.

Ein großartiger Einfall, um die besten Köpfe zu gewinnen! Man muss natürlich dazu sagen, dass diese Idee unter anderem funktionierte, weil es in dem Hamburger Stadtteil, in dem die Pizza-Bäckerei lag, eine Clusterbildung von Werbeagenturen gibt und im Verhältnis dazu eine überschaubare Zahl von Essenslieferanten, auf die die Mitarbeiter zurückgreifen können.

▶ Beispiel:

Langfristiger und für sehr hohe Bewerberzahlen ausgelegt ist die Talentsuche einer deutschen Fluggesellschaft, von der in diesem Buch bereits im Zusammenhang mit einem anderen Schwerpunkt die Rede war. Das Unternehmen besitzt ein ungebrochen starkes Markenimage unter Schul- und Hochschulabgängern. Aus diesem Grund ist der Pool an Bewerbern ohnehin groß. Nicht die fehlende Quantität stellt für dieses Unternehmen eine Herausforderung dar, sondern das Strukturieren und Vorselektieren der Menge potenzieller Kandidaten – bei verträglichem Ressourcenaufwand. Um passende Bewerber zu gewinnen, hat das Unternehmen also über Imagekampagnen hinaus eine mehrstufige, stetig aktualisierte und hochgradig digitalisierte Online-Bewerbungsstrategie entwickelt. Potenzielle Interessenten werden gezielt auf die Bewerbungsseite der Fluglinie gelotst, wo sie nicht nur nach ihrer Wunschposition fahnden, sondern auch einen strukturierten, mehrstufigen Bewerbungsprozess durchlaufen.

Nachahmenswert und auf Verkäufer gut übertragbar ist Folgendes: Bevor sich ein Kandidat bewirbt, hat er die Möglichkeit – zumindest für etliche der angebotenen Tätigkeiten – einen detaillierten „Virtual Day" Schritt für Schritt mitzuerleben. Je nach Job wird der Kandidat von vornherein mit grundsätzlichen Fragen wie „Schaffen Sie es innerhalb einer Viertelstunde, sich in ein Team einzugliedern?" oder „Können Sie Probleme erkennen, bevor sie entstehen?" konfrontiert. Bereits auf dieser Oberflächenebene hat der Kandidat also die Möglichkeit, positive oder negative Resonanzen wahrzunehmen.

Wer sich zum Beispiel für eine Tätigkeit als Flugbegleiter interessiert, kann noch vor Beginn der Bewerbung virtuelle Aufgaben lösen, die ihn im Flugzeug erwarten würden – zum Beispiel mit einem betrunkenen Passagier oder mit jemandem, der trotz Verbot mit seinem Handy telefoniert, auf professionelle Weise umzugehen. Unter mehreren Antworten kann der potenzielle Kandidat auswählen und bekommt nach seiner Auswahl sofort vom System eine Rückmeldung, ob die von ihm favorisierte Lösung eine adäquate Reaktion auf die Situation ist. Wichtig: Dieser Selbsttest gehört nicht in den Bewerbungsvorgang beim Unternehmen, sondern ist ein erstes Feedback für den Kandidaten selbst, ob er (bereits) angemessene Verhaltensstrategien mitbringt. Auch wer falsch liegt, hat also bereits einen Lerneffekt und gewinnt Eindrücke von Aufgaben, die auf ihn warten.

Die tatsächliche Bewerbung – ob als Pilot oder Werkzeugmechanikerin – beginnt mit der Registrierung im „Karriere-Cockpit" und dem Anlegen eines strukturierten und umfangreichen Bewerbungsformulars. Es folgt, sofern der Bewerber bis dahin die Selektionskriterien erfüllt und die Tätigkeit es erfordert, innerhalb der nächsten zwei Wochen ein Online-Test. Dafür gibt es auf der Homepage einen „Trainingsparcours", den der Bewerber nutzen kann, um sich vorzubereiten. Gegebenenfalls – bei dessen Bestehen – folgt ein Telefoninterview. Erst danach darf der Kandidat auf eine Einladung zum Auswahltag und bei Eignung auf einen Vertrag hoffen. Durch dieses mehrstufige Verfahren vermeidet das Unternehmen Bewerbungen von Menschen, die „irgendeinen Job" suchen. Für Gelegenheitsbewerber ist das Verfahren definitiv zu aufwändig. Durch die hohe Digitalisierung lässt sich also die Vorauswahl in den ersten Selektionsschritten sehr ressourcensparend durchführen.

Die Personalabteilung kommt bei dieser Vorgehensweise erst dann in Kontakt mit einem Kandidaten, wenn dieser die grundsätzlichen nötigen Eigenschaften und Fähigkeiten mitbringt. Nebenbei bekommt das Unternehmen auf diese Weise eine von Bewerbern selbst erstellte Datenbank. Diese bleibt aktuell, da Bewerbungen nach einer festgelegten Zeit automatisch aus dem System genommen werden – es sei denn, sie werden vom Bewerber aktualisiert.

Die nächste Strategie ist ebenfalls sehr empfehlenswert. Ich habe sie unter folgende Überschrift gestellt:

3.4.1. Lassen Sie Ihre Mitarbeiter sprechen!

Nicht jeder Arbeitsplatz ist so begehrt wie die bei einer Fluggesellschaft. Was kann man also tun, wenn die Kandidaten nicht Schlange stehen? Oder anders ausgedrückt: Wie kann man befriedigende Bewerberzahlen für ein Unternehmen generieren, dessen Markenwert gerade Schwankungen nach unten unterliegt?

▌ BEISPIEL:

Diese Frage stelltet sich vor einiger Zeit eine für Hamburger-Brötchen bekannte Fast-Food-Kette. Die Situation war nicht leicht, denn auch das Image des Unternehmens, das aus verschiedenen Gründen gelitten hatte, musste zu der Zeit, als es neue Mitarbeiter suchte, neu aufgebaut werden. Man konnte in diesem Fall also nicht auf eine allzu positive Außenwirkung bauen. Die Lösung war folgende:

Das Unternehmen begann, in TV-Spots, die dann auch auf YouTube zu sehen waren, mit seinen Mitarbeitern zu werben. Diese Sympathieträger erzählten von ihrem Arbeitsalltag und erklärten, warum das Unternehmen aus ihrer Sicht ein guter Arbeitgeber sei. Sie berichteten von ihrer Entscheidung, zu diesem Unternehmen zu gehen. Sie gaben Einblick in ihren Alltag und nannten ihre Entwicklungsmöglichkeiten. Da waren junge engagierte Leute zu sehen, die von der Servicekraft bis zum Studenten die von der Öffentlichkeit bis dahin kaum wahrgenommene Bandbreite der Ausbildung bei der Fast-Food-Kette aufzeigten. Dies widersprach vollkommen dem bis dahin gespeicherten „Verlierer-Job-Image".

Was besonders interessant ist: Da der Schwerpunkt der Personal-Rekrutierungsmaßnahmen mittelbar auch auf der Bildung eines positiven Arbeitgeberimages lag, stieg während der Kampagne und auch noch nach dessen Ende der Imagewert des Unternehmens bei in Frage kommenden Schulabgängern. Außerdem hatten diese bereits durch die Spots eine Vorstellung von ihrem künftigen Arbeitsalltag. Dies hätte keine statische Anzeige – gleich ob online oder print – leisten können.

Wem der Arbeitsalltag, so wie er – werbetypisch geschönt – dargestellt wurde, bereits missfiel, der bewarb sich nicht. Mit Mitarbeitern werben ist ohnehin eine einfache, aber wirkungsvolle Strategie, die anspricht, weil Eindrücke von Menschen und nicht ein abstrakter Unternehmensbegriff transportiert werden. Eine zunehmend eingesetzte Methode, die mit dem Trend zum Empfehlungsmarketing über soziale Netzwerke korrespondiert. Wenn die Mitarbeiter auf eine glaubwürdige Weise gezeigt werden, stärken sie das Unternehmensimage und ziehen Bewerber an, die zu der Kultur im Unternehmen passen.

▶ BEISPIEL:

Diesen Gedanken verfolgte auch eine unter anderem in München ansässige Unternehmensberatung. Diese wollte sich Hochschulabgängern als Marke empfehlen, die sich deutlich von anderen unterschied. Das Unternehmen startete daher eine crossmediale Anzeigenkampagne, in dem intelligente Wortspiele und Wortschöpfungen mit dem Namen des Unternehmens für die Überschriften gewählt wurden. Dazu hoben sich die Anzeigen auch durch Gestaltung in der für das Unternehmen typischen Farbwelt mit auffälligen Tönen von der Masse der „Grau-in-Grau" gehaltenen übrigen Anzeigen ab. Vor dieser Kulisse präsentierten sich auch hier Mitarbeiter. Aber eben nicht langweilig und uniform mit Bewerbungs-foto-Anmutung, wie das Gros der Unternehmensberater meistens daherkommt, sondern schon in der Bildsprache wortwörtlich mit herausragenden Köpfen. Was heißt das?

Der Terminus „herausragende Köpfe" wurde visuell interpretiert: Der besondere Hingucker waren wie vom Wind verwirbelte Haare, die den Mitarbeitern eine besondere, dynamische und in der Tat herausragende Wirkung gaben. Die Haare wirkten wie von einem Sturm modelliert, sodass es zum Beispiel zu der Assoziation „Brainstorm" – einem Bild, das ebenfalls in den Anzeigen verwendet wurde – nicht mehr weit war. Die Rekrutierungskampagne wurde in der Wirtschafts-, Fach- und Studentenpresse gefahren, auf Plakaten und bei Messeauftritten. Außerdem wurde die Anzeigenserie als Banner auf Rekrutierungsplattformen gezeigt und durch Anzeigen zum Beispiel auf Facebook verstärkt. Die herausragenden Köpfe waren wirklich nicht zu übersehen und brachten hohe Aufmerksamkeitswerte für die Marke sowie einen großen Schwung „für frischen Wind" aufgeschlossene Kandidaten.

Das ist einer der Gründe, warum ich Sie immer wieder auffordere, in Ihrer Anzeigengestaltung mutig und kreativ zu sein, auch wenn Sie keine Werbeagentur beschäftigen wollen. Sie bekommen einfach höhere Aufmerksamkeitswerte, heben sich von der Masse ab und stärken nebenbei noch Ihr Image.

Damit wären wir bei einem weiteren zentralen Stichwort, das für das Anwerben von Top-Kandidaten eine Rolle spielt: Das Image von Vertriebsmitarbeitern ist oft ein Problem für die Rekrutierung. Im Vertrieb Kunden anzusprechen und „Klinken zu putzen" gilt unter Schul- und Hochschulabgängern in der Regel nicht gerade als hochattraktiv. Das wissen auch die Versicherungsunternehmen. Noch viel zu wenige setzen aber hier an und betonen die Vorteile und Perspektiven erfolgsorientierter Vertriebstätigkeit. Gerade im Bereich attraktive Außendarstellung besteht noch großes Optimierungspotenzial.

3.4.2. Arbeiten Sie mit dem, was bereits da ist!

Ein großer Versicherungskonzern setzte hier an und entschloss sich, eine kombinierte Print-/Online-/TV-Kampagne zu starten, in deren Zentrum ein positives, attraktives Berufsbild des Versicherungsmitarbeiters stand. Eine gute Regel jeder Unternehmensführung beherzigte das Unternehmen dabei auch: Es besann sich auf die Mitarbeiter im Unternehmen. Dazu kann ich Sie ebenfalls nur ermuntern. Wie gesagt: Auch die im Beispiel beschriebene Versicherung folgte dieser Regel.

▶ BEISPIEL:

In der Imagewerbung stellte das Unternehmen darum seine Mitarbeiter ins Zentrum. Diese wurden jedoch nicht immer nur „mit Schlips und Kragen" beim Kunden oder am Schreibtisch gezeigt, sondern auch in einem Umfeld, das – so die Botschaft – hervorragend mit ihrer Arbeit zusammenpasst. Mitarbeiter wurden in Printanzeigen in Wirtschafts- und Karrieremedien also zum Beispiel mit ihren Kindern, auf dem Fußballplatz, beim Kunden oder im Porträt gezeigt – stets verbunden mit einem kurzen „Karrieretipp". So erfuhr der Betrachter zum Beispiel, dass sich eine Vertriebstätigkeit mit einer eigenen Agentur hervorragend mit der Organisation einer Familie verbinden lässt oder dass jemand, der eine Fußballmannschaft trainiert, Managementqualitäten besitzen muss, die auch bei einer Vertriebstätigkeit von Vorteil sein können.

Durch die Bildsprache und die in einem Satz formulierten Karrieretipps wurde deutlich, dass hier zum einen Qualitäten wie Verantwortungsbewusstsein oder Managementfähigkeiten (für die Familie, die Fußballmannschaft, die Kunden) gesucht sind und zum anderen das Unternehmen hervorragende Voraussetzungen für die flexible, eigenverantwortliche Gestaltung und Organisation des Arbeitslebens bietet.

Insbesondere die Themen Abwechslung, Teamgeist, Perspektiven und Verantwortung wurden bearbeitet: Mitarbeiter berichteten in kurzen Videos auf der Firmenseite von ihrer Entscheidung für den Vertrieb und ihrem Alltag dort. So entwickelten potenzielle Kandidaten bereits eine Vorstellung davon, welche Qualitäten ein Mitarbeiter besitzen muss, um eine eigene Agentur zu führen. Unterstützt wurde die Kampagne durch Spots auf YouTube mit einem rockigen Kampagnensound. Transportiert wurde die Botschaft, dass eine Arbeit im Vertrieb wirklich abwechslungsreich ist.

Den hit-tauglichen Kampagnen-Sound konnte man sich auf der Seite der Versicherungsgesellschaft herunterladen. Einen eigenen Kampagnen-Sound zu kaufen ist natürlich eine Preisfrage, aber wenn das Budget da ist und es hilft, ein gewisses „altbackenes" Image abzuschütteln, kann das ein wirkungsvolles Hilfsmittel sein.

Parallel dazu wurde der Social-Media-Auftritt des Unternehmens aufgefrischt. Gerade dieser zeigt zugleich die Klippen, die es grundsätzlich zu umschiffen gilt. Mit der Einrichtung einer Social-Media-Seite allein ist es ja nicht getan. Ohne Fans läuft nichts. Die bekommt man nicht mit trockenen Fakten und langweiligen Einträgen. Ich spreche hier auch nicht von der Möglichkeit, Fans „zu kaufen", was von etlichen Unternehmen praktiziert wird. Das hat keinen Still und bringt im Falle des Bekanntwerdens Negativschlagzeilen. Besser machte es die in unserem Beispiel angeführte Versicherung. Sie veröffentlichte also dort unter anderem Geschäftsberichte, Stellenanzeigen und Umfragen, aber sie tat noch mehr. Sie schaffte es als einzige Versicherung unter die ersten zehn im Facebook-Dax von Markenlexikon.com.

Mit ausschlaggebend war, dass nicht nur Hard Facts gepostet wurden, sondern zum Beispiel auch Wünsche für eine gute Woche oder Tipps für den Flirt am Arbeitsplatz eingestellt wurden – also Themen, die über reine Versicherungsfakten hinausgehen. Diese erweiterten Themen jedenfalls regten Nutzer dazu an, einzelne Themen zu kommentieren und in Kommunikation mit der Versicherung zu treten. Nicht verschweigen möchte ich, dass viele Beiträge – für Nutzer unschwer zu erkennen – zu einem merklichen Teil von eigenen Mitarbeitern kamen. Das ist in diesem Fall aber kein Schaden, sondern meiner Auffassung nach oft sogar nötig, um einen gewissen Betrieb auf die Seite zu bekommen.

Keine Frage – derartige Kommunikation gelingt auf reinen Konsumenten- oder Special-Interest-Seiten oftmals leichter. Das ist aber kein Grund, es bei anfangs geringer Resonanz nicht trotzdem zu tun. Folgender Aspekt ist besonders wichtig: Die Versicherung hat die Möglichkeiten genutzt, über Social Media bereits auf einer anderen Ebene Nähe (zu interessierten Kandidaten) zu schaffen und so Vertrauen zu bilden. Das ist nicht zu unterschätzen, denn nur Fähigkeiten wie Nähe und Vertrauen sind letztlich in Kombination mit anderen Eigenschaften der Mix, der künftige Top-Mitarbeiter im Vertrieb von den mittelmäßigen unterscheidet. Dieser Kontaktaufbau braucht freilich etwas Zeit.

4. Von der Quantität zur Qualität

Es ist Zeit, an diesem Punkt unseres Rekrutierungsprozesses eine Zwischenbilanz zu ziehen. Wenn Sie den Anweisungen im Buch bis hierhin gefolgt sind, dann wissen Sie, wen genau Sie suchen und haben es auch eindeutig formuliert (Fokus).

Im zweiten Schritt haben Sie Multichannel-Rekrutierung betrieben, um so viele gute Kandidaten wie möglich anzuziehen (Quantität). Ob Sie nun einen Kandidaten haben oder zehn oder 100 - die wichtigste Aufgabe ist nun, den Richtigen auszuwählen.

Von vielen Führungskräften höre ich immer wieder, dass sie überhaupt keine besonderen Auswahlverfahren einsetzen, weil sie keine große Kandidatenauswahl haben. Dazu kann ist Folgendes zu sagen:

Manchmal ist es besser, vorübergehend eine unbesetzte Position zu haben, als sie mit einem nicht passenden Kandidaten zu besetzen.

Davon einmal abgesehen:

Die Qualitäten des Kandidaten sind immer noch das Entscheidende.

Sicher, die Haltung, froh zu sein, dass man den Einäugigen unter den Blinden gefunden hat, ist verständlich. Trotzdem sollte man jeden Kandidaten sehr gut einschätzen können - und darum geht es mir. Wer um die Stärken und Schwächen eines Kandidaten weiß, kann darauf aufbauen und ihn im Falle der Einstellung so effizient wie möglich einsetzen und trainieren.

Um diese Entscheidung sicher treffen zu können, bedarf es geeigneter Auswahlprozesse. Ich berate viele Kunden nicht nur bei der Auswahl, sondern in solchen Fällen auch im Risikomanagement, denn sie müssen wissen, wen sie einstellen (Welche Qualitäten hat der Kandidat? Welche Leistungen sind von ihm zu erwarten?). Das bringt uns zum Thema Qualität - und zwar von Qualitätsbestimmung, unabhängig von der Quantität der Kandidaten. Egal, wie viele oder wie wenige Kandidaten wir haben, wir dürfen im Interesse unseres Unternehmenserfolgs nicht darauf verzichten, die Qualität zu sichten und zu sichern. Ziel muss es stets sein, so oft wie möglich die richtige Person an den richtigen Platz zu bringen.

4.1. Wenden Sie das Qualitätsprinzip auf die Rekrutierung an!

Genau wie Sie beim Verkaufen die Qualität Ihres Produktes oder Ihrer Dienstleistung betonen, müssen Sie auch bei Ihrer Anwerbung und Einstellung die Qualität an den Anfang stellen. Nur wenn Sie Kandidaten mit höchster Qualität in Ihrem Bewerberpool haben, sind Sie in der Lage, Einstellungsentscheidungen von hoher Qualität zu treffen.

Auch dieser Aspekt des Einstellungsverfahrens wird zu oft übersehen, nicht hinreichend beachtet, ignoriert oder als nicht wichtig bewertet. Das Ergebnis ist dann unvermeidlich weniger, als wünschenswert wäre, um es gelinde auszudrücken. Schauen wir uns doch einmal genauer an, wo die Wurzeln des Problems liegen.

Warum sind unproduktive Mitarbeiter in der Überzahl?

Denken Sie einmal über folgendes Zitat von Peter Drucker, dem Vater der modernen Managementlehre, nach:

> „Führungskräfte wenden mehr Zeit auf, um Menschen zu managen und Personalentscheidungen zu treffen – und das sollten sie auch tun. Keine anderen Entscheidungen sind so langfristig in ihren Konsequenzen oder so schwierig zu revidieren. Dennoch treffen Führungskräfte im Großen und Ganzen immer noch schlechte Beförderungs- und Einstellungsentscheidungen. Nach dem, was man hört, ist ihre Trefferquote nicht höher als ein Drittel. Ein Drittel der Entscheidungen erweisen sich als richtig; ein Drittel bleibt unter den Erwartungen und ein Drittel ist vollkommen falsch. In keinem anderen Managementbereich würden wir uns mit einer so miserablen Leistung zufrieden geben. In der Tat müssen wir das nicht und wir sollten das auch nicht tun."
>
> Peter Drucker

Peter Drucker hat Recht damit – ebenso wie mit den meisten seiner Managementkonzepte. In jedem Unternehmen auf der ganzen Welt gibt es Mitarbeiter, die die erwartete Leistung nicht bringen; und dennoch hat jede dieser Firmen diese Menschen wohlüberlegt und mit der positiven Erwartung eingestellt, dass sie die nötigen Leistungen bringen würden.

Und die Mitarbeiter ihrerseits? Sie haben diese Tätigkeiten ebenfalls wohlüberlegt und mit positiven Erwartungen angetreten. Jeder von ihnen hat seine Arbeit mit der vollen Überzeugung angetreten, dass er erfolgreich sein würde.

Die eigentliche Tragödie ist, dass die Erwartungen auf beiden Seiten häufig enttäuscht werden. Untersuchungen zeigen immer wieder, dass für die meisten Teams die Verteilung der Leistungslevel etwa so aussieht:

▶ Bestenfalls 20 Prozent des Teams sind wirkliche Leistungsträger.
▶ Ungefähr 60 Prozent des Teams bringen durchschnittliche Leistungen.
▶ Mindestens 20 Prozent des Teams bringen nur schwache Leistungen.

Das wird als normal akzeptiert!

Sogar in Verkaufsteams, wo die Gesamtleistung zufriedenstellend ist, ist es durchaus nicht ungewöhnlich, dass 20 Prozent der Verkäufer 80 Prozent des Verkaufsumsatzes und der Ergebnisse erarbeiten.

Auch das wird als normal akzeptiert!

Denken Sie mal darüber nach. Es kann doch nicht sein: Wir sind bereit, eine Verkaufsleistungs-Situation zu akzeptieren, in der bis zu 80 Prozent der Verkäufer durchschnittlich produktiv oder sogar unproduktiv sind. Das heißt doch mit anderen Worten: *Unproduktiv sein ist normal.*

Wenn ich in meinen Workshops die Verhältnisse in dieser Weise verdeutliche, dann verstehen die Teilnehmer stets leichter, wie wichtig es im Anwerbungs- und Einstellungsprozesses ist, leistungsfähige Kandidaten zu finden. Umgekehrt gilt nämlich auch:

Mitarbeiter mit den richtigen Qualitäten einzustellen führt zu produktiven Verkaufsteams mit einer hohen Qualitäts- bzw. Leistungsorientierung.

Wie ich bereits mehrfach im Rekrutierungsprozess gezeigt habe, folgen erfolgreiches Verkaufen und erfolgreiches Rekrutieren den gleichen Prinzipien. Das zeigt sich auch auf der Qualitätsebene. Erlauben Sie mir also einige grundsätzliche Vorüberlegungen, bevor wir zum Auswahlprozess selbst kommen. So ist es unverzichtbar für jedes Unternehmen, die Unique Value Proposition (UVP) also den besonderen Wert, den Sie mit Ihrem Produkt oder Ihrer Dienstleistung anbieten, zu identifizieren und dem Kunden zu vermitteln.

Nicht anders verhält es sich auf der Qualitätsebene im Rekrutierungsprozess. Auch die folgenden Qualitätsprinzipien sind direkt aus dem Verkauf übertragbar:

▶ *Warum sollte ein Kunde gerade bei Ihnen kaufen? /Warum sollte ein bestimmter Kandidat für Sie arbeiten?*
Es gibt viele Wettbewerber, die die gleichen oder ähnliche Produkte oder Dienstleistungen anbieten. Ein erfolgreicher Vertriebsmitarbeiter muss also dem Kunden sehr klar zeigen, dass er seine Bedürfnisse befriedigen wird und warum er bei ihm kaufen sollte statt beim Mitbewerber. Entsprechend muss dem Unternehmen der Nutzen klar sein, den ihm ein bestimmter Kandidat bringt. Umgekehrt gilt das natürlich genauso: Der Kandidat muss sich darüber im Klaren sein, warum er gerade für dieses Unternehmen arbeiten möchte. Ein erfolgreicher Vertriebsmitarbeiter wird Ihrem Unternehmen sehr klar zeigen, dass er Ihre Ansprüche erfüllen wird und warum Sie ihn einstellen sollten. Umgekehrt sollten auch Sie als Unternehmen dem Kandidaten deutlich machen können, warum er am besten für Sie arbeitet.

▶ *WIIFM (What is in it for me): Was habe ich davon?/Was hat der Kandidat/das Unternehmen davon?*
Das ist wirklich die ultimative Frage jedes Kunden. Gute Verkäufer haben folglich darauf eine überzeugende Antwort parat. Die Antwort beinhaltet die Informationen, die am wichtigsten für den Kunden sind, also zum Beispiel über den Gewinn (Return on Investment), den sie aus ihrer Investition erwarten können. Sie werden überzeugt von den Vorteilen, die sie haben, wenn sie Ihre Produkte oder Dienstleistungen nutzen statt jene des Mitbewerbers. Gleiches gilt für das Verhältnis zwischen Kandidat und Unternehmen. Beide müssen wissen: WIIFM – Was habe ich davon?

▶ *Befriedigt Ihr Angebot die Kundenbedürfnisse sowohl auf rationaler als auch auf emotionaler Ebene?/Befriedigt das gegenseitig Angebot die Bedürfnisse des Unternehmens/des Kandidaten?*
Kunden brauchen das Gefühl, die richtige Entscheidung getroffen zu haben. Dieses Gefühl beruht zum einen auf Fakten (Preis, Qualität, Produkteigenschaften, Nutzen etc.), zum anderen auf den Gefühlen während des Kontaktes (Qualität der Beziehung, Ansprechbarkeit, Ehrlichkeit, Vertrauen/Zuverlässigkeit und Servicequalität seitens des Verkäufers). Auch auf dieser Ebene liegen die Analogien auf der Hand. Kandidat und Unternehmen müssen anhand nachvollziehbarer Kriterien überblicken können, ob ihre Entscheidung richtig ist. „Bauchgefühl" allein reicht dafür definitiv nicht aus. Dieser Qualitätsschritt ist vielleicht der wichtigste, denn er ist in jedem Fall positiv zu beantworten - auch wenn Sie nur wenige oder nur einen einzigen Kandidaten haben.

4.2. Weniger ist mehr – Wählen Sie aus!

Qualität ist so wichtig, weil Qualität sich als einzelner, genauer Wert für höchste Arbeitsleistung vorhersagen lässt. Wählen Sie Leute mit der höchsten Qualität aus und Sie werden sehen, wie das Leistungslevel in der jeweiligen Abteilung wie eine Rakete in die Höhe schießt.

Warum ist das so wichtig? Schauen wir uns die Randbedingungen der heutigen Business-Welt einmal an:

▶ Ökonomische Bedingungen können sich rasch verändern und tun das auch.
▶ Der Wettbewerbsdruck ist heftiger als je zuvor.
▶ Innovation ist kein Luxus mehr, sondern Notwendigkeit.
▶ Der Leistungsdruck wird nicht niedriger, sondern nur höher.

Die Unternehmen und damit ihre Mitarbeiter stehen größeren Herausforderungen gegenüber als je zuvor. Das bedeutet, dass sie die richtigen Einstellungen und Abläufe bei der Auswahl, Entwicklung und der Unternehmensbindung von Leistungsträgern vorhalten müssen. Diese High Performer müssen im ganzen Unternehmen etabliert sein, aber sie sind wohl in der Vertriebsarena am entscheidendsten.

Wie sieht eine akzeptable Erfolgsrate aus, wenn es darum geht, gute Verkäufer zu finden und einzustellen? Sie liegt sicherlich nicht bei 20 Prozent (wie bei dem Beispiel oben) oder bei 50 Prozent oder sogar bei 75 Prozent. Nein, die Erfolgsrate unter dem heute allgegenwärtigen Wettbewerbsdruck muss langfristig so nah wie möglich bei 100 Prozent liegen. Das ist absolut wichtig.

Aber wessen Verantwortlichkeit ist es denn, diese Art von Erfolg zu realisieren? Man mag jetzt versucht sein, die Verantwortung auf die Personalabteilung zu schieben, aber diese ist nicht allein verantwortlich – und sollte es auch nicht sein. Ich habe diesen Punkt bereits betont und unterstreiche ihn hier erneut:

> Effektive Anwerbung und Einstellung ist eine Teamaufgabe von Personalabteilung und Vertriebsabteilung.

Es sollte die am höchsten priorisierte Aufgabe jeder Führungskraft sein, Top-Leute zu erkennen, zu rekrutieren und im Unternehmen zu binden!

Einen guten Vergleich finden wir in der Welt des Profisports. Team-Manager und Scouts suchen stetig nach Top-Talenten, und sie arbeiten und trainieren fortwährend mit den Athleten, die sie bereits im Kader haben, um deren Fähigkeiten zu verbessern und sie zu motivieren, alles für das Team zu geben. Sollte es in der Geschäftswelt wirklich anders laufen?

Ich glaube das nicht. Ob im Sport oder im Business – der Bedarf an Leistungsträgern steht über allem, denn die Kosten von leistungsschwachen Mitarbeitern sind äußerst schädlich für Unternehmen.

Können Sie sich vorstellen, dass eine Fußballmannschaft sehr erfolgreich ist, wenn nur 20 Prozent der Spieler es schafft, Höchstleistungen zu bringen? Was denken Sie über eine Basketballmannschaft, bei der nur ein Spieler stetig 80 Prozent der Punkte holt? In keinem dieser Fälle würden die Vereine den Klassenerhalt in ihren Ligen schaffen.

In der heutigen neuen Wirtschaftswelt sind wir faktisch alle in einer Art „Sport"-Geschäft. Das Erfordernis, hohe und höchste Leistungslevel zu erreichen und zu halten, ist stärker als je zuvor. Das bedeutet aber auch, dass die einzelnen „Spieler" wichtiger sind denn je.

Qualität ist kein Luxus, sondern Notwendigkeit!

Wenn es darum geht, Mitarbeiter von hoher Qualität einzustellen, dann ist weniger definitiv mehr. Vielleicht denken Sie gerade: „Halt! Im vorausgegangenen Kapitel haben wir doch gerade darüber gesprochen, wie wichtig es ist, einen ausreichend großen Pool potenzieller Kandidaten zu schaffen. Wie können wir jetzt in Hinblick auf Qualität sagen: Weniger ist mehr?"

Diese zwei Ansprüche scheinen auf den ersten Blick widersprüchlich zu sein. Faktisch sind sie es nicht, denn natürlich ist es wichtig, ein entsprechendes Quantum an Bewerbern zur Auswahl zu haben. Dieses erzielen Sie, in dem Sie den Rekrutierungsablauf, wie in diesem Buch beschrieben, verfolgen.

Fokussieren Sie Ihre Bemühungen sorgfältig auf die richtigen Stellen, und errichten Sie einen überzeugenden, ausreichenden Pool von Qualitätskandidaten.

Aber das ist nur die eine Seite, bei der weniger mehr ist. Machen wir uns nichts vor: Der Anwerbe- und Einstellungsprozess kostet Zeit, verursacht Kosten und verbraucht Ressourcen. Ist es dann aber nicht sinnvoll, ihn so selten wie möglich durchlaufen zu müssen?

Je seltener Sie Personal für vakante Positionen suchen und einstellen müssen, umso mehr Zeit, Aufmerksamkeit und Ressourcen können Sie auf profitable Tätigkeiten, sprich auf den Verkauf Ihrer Produkte und Dienstleistungen verwenden.

Schauen wir auf einige Instrumente und die Methodik, die ich empfehle, um Kandidaten mit den erforderlichen hohen Qualitäten zu erkennen und für den Einstellungspool zu gewinnen.

4.3. Die Richtigen erkennen: Der Auswahlprozess

Das Qualitätsprinzip auf die Einstellungspraxis anzuwenden bedeutet nicht mehr und nicht weniger, als den richtigen Kandidaten für den für ihn passenden Arbeitsplatz im Unternehmen auszuwählen. Während des Auswahlprozesses sollte man also sicherstellen, dass der potenzielle Mitarbeiter einschätzen kann, ob die Arbeit und das Unternehmen für ihn geeignet sind.

Ihr Auswahlprozess sollte so gestaltet sein, dass folgende zwei Ziele erreicht werden:

▶ *Ziel 1:* Es wird herausgefunden, wie der Kandidat in Bezug auf die erfolgsrelevanten Leistungskriterien zu Ihrem „Anforderungsprofil" passt.
▶ *Ziel 2:* Dem Kandidat sollte vermittelt werden, was es bedeuten würde, in Ihrem Unternehmen zu arbeiten. Dementsprechend müssten auch seine Erwartungen herausgefunden werden.

Um einen effektiven Auswahlprozess zu durchlaufen, der diese Ziele erfüllt, kommen folgende Methoden in Frage:

▶ Assessment-Center
▶ Profiling/Eignungsdiagnostik-Instrumente
　▶ Test der mentalen Fähigkeiten
　▶ Test der beruflichen Interessen
　▶ Persönlichkeitsanalyse
　▶ Wissenstests

▶ Interviews (Auswahlgespräche mit dem Kandidaten)
　▶ Telefoninterview
　▶ Panel-Interview
　▶ Einzelgespräch/One-on-One-Interview

Wie viele dieser Instrumenten Sie nutzen und in welcher Reihenfolge, hängt ab:

▶ von der Unternehmenspolitik;
▶ von den jeweiligen Erfordernissen: Einige der Kriterien aus Ihrem Anforderungsprofil (Fokus) können am besten durch eine Simulation herausgefunden werden. Wenn zum Beispiel die Präsentationsfähigkeiten entscheidend für die Position sind, kann man den Kandidaten zum Beispiel bitten, diese an einem Beispiel zu demonstrieren.
▶ von der Dringlichkeit: Wenn Sie schnell Einstellungsentscheidungen treffen müssen, können Sie sich nicht mit einem lange dauernden Auswahlprozess und organisatorisch aufwändigen Methoden wie Assessment-Centern und Gruppeninterviews aufhalten. In diesem Fall ist es besser, die Kandidaten zugleich zum Gespräch und zum Online-Profiling einzuladen. Das spart Ihnen

eine Menge Auswahlzeit, ohne dass die Qualität der gewonnen Informationen leidet.

▶ Von den zur Verfügungen stehenden Ressourcen: Zeit ist eine wertvolle Ressource. Prüfen Sie: Wie viel Zeit können Sie in den Auswahlprozess investieren? Personal ist ebenfalls eine Ressource. Haben Sie die HR-Kapazitäten, die Sie mit dem Auswahlprozess binden können? Und natürlich ist auch Geld eine Ressource. Je mehr Interviews Sie führen, desto teurer wird es für Sie. Jedes Vorstellungsgespräch und jedes Assessment-Center kostet Sie wertvolle Managementzeit.

Es gibt nicht „den" idealen Auswahlprozess. Es hängt immer von Ihrer *speziellen Situation* ab. Darum sollte jeder Auswahlprozess so gestaltet sein, dass er am besten zu Ihren Bedingungen passt. Unabhängig von der gewählten Strategie sollten Sie sich versichern, dass Sie an die für Sie entscheidenden Bewertungskriterien kommen, die über Erfolg oder Misserfolg bei einer bestimmten Position entscheiden. Was sind also die Schlüsselkriterien, welche die Leistung betreffen?

Den renommierten Arbeitspsychologen Schmidt und Hunter zufolge gibt es fünf Schlüsselkriterien, die nötig sind, damit ein Mitarbeiter auf seiner jeweiligen beruflichen Position nicht scheitert.[1] Diese sind:

1. *Fehlendes Fachwissen bzw. mangelnde Methodenkompetenz:* Die Person hat nicht das nötige Wissen, das für das Ausführen der Arbeit nötig sind. Zum Beispiel:

   ▶ Berufsausbildung
   ▶ Branchenkenntnisse
   ▶ Markt-Know-how
   ▶ Produktkenntnisse

   Dazu gehört auch Methodenkompetenz. Im Verkauf geht es dabei darum, ob ein Mitarbeiter die folgenden Methoden des Verkaufens kennt und beherrscht:

   ▶ eine Beziehung („Rapport") zum Kunden aufbauen
   ▶ glaubwürdig sein und Vertrauen erwecken
   ▶ eine „Bedarfsanalyse" vornehmen
   ▶ dem Kunden dessen Gewinn („Return of Invenstment") deutlich machen
   ▶ den Abschluss erreichen

2. *Fehlende Ressourcen:* Viele Faktoren können in Bezug auf die zur Verfügung stehenden Ressourcen limitiert sein. Einige davon sind:

---

1   Frank Schmidt/John Hunter: Psychological Bulletin 125, No. 2, 1998

- ▶ Zeit
- ▶ Geld
- ▶ Technik
- ▶ Preis/Gehalt
- ▶ Führungskraft
- ▶ Gesundheit

3. *Fehlende mentale Fähigkeiten:* Dieser Punkt meint, dass viele Menschen nicht die kognitiven Fähigkeiten haben, um die jeweilige Stelle auszufüllen oder dass sie im Gegenteil unterfordert wären. Es nützt nichts, wenn ein Kandidat das Fachwissen oder die anderen Ressourcen mitbringt, aber nicht die mentalen Fähigkeiten, um die Arbeit erfolgreich zu bewältigen.

4. *Fehlende Motivation:* Hier geht es um die Frage, ob der Kandidat die berufliche Motivation hat, um die üblichen mit der Arbeit verbundenen Tätigkeiten auszuführen oder nicht. Es geht um die Leidenschaft und darum, Verkaufen als „Beruf(ung)" zu empfinden.

5. *Nicht passende Persönlichkeit:* Oft stellen wir Menschen aufgrund ihrer technischen Fähigkeiten ein – und entlassen sie dann später aufgrund ihres Mangels an Soft Skills. Um den Auswahlprozess auch in dieser Hinsicht zu optimieren, ist es extrem wichtig, die Persönlichkeit des Kandidaten richtig zu verstehen. Dann können wir auch einschätzen, ob die Person zu der Stelle passt oder nicht.

Abbildung 6: Schlüsselfaktoren für berufliche Leistung

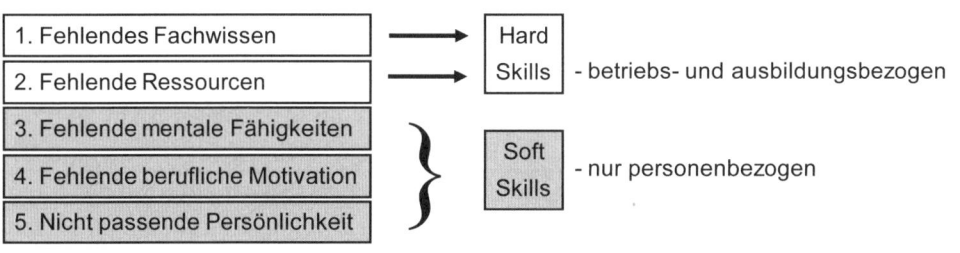

Wenn wir uns nun die oben genannten fünf Schlüsselkriterien noch einmal etwas genauer ansehen, stellen wir fest, dass diese unterschiedlichen Zuständigkeiten zugeordnet werden können, die teilweise die Hard- und teilweise die Soft Skills betreffen.

Die Abbildung macht klar, dass drei der fünf Schlüsselkriterien die Soft Skills betreffen. Demnach sollten wir diese auch zu drei Fünfteln oder besser gesagt 60 Prozent in die Auswahlentscheidung einbinden. Leider ist es in der Praxis so, dass immer noch zu wenig auf die Soft Skills geachtet wird.

Tabelle 3: Gründe, warum ein Mitarbeiter nicht passen könnte

	1 Sehr selten	2	3	4	5 sehr häufig	Mittelwert	Häufig
Fehlen von Persönlichkeits- merkmalen	1%	7%	25%	40%	25%	3,74	
Fehlen von mentalen Fähigkeiten	1%	14%	34%	35%	15%	3,44	
Fehlen von Motivation	3%	17%	39%	26%	23%	3,41	
Fehlen von Fachwissen und Kompetenzen	5%	29%	27%	24%	16%	3,17	
Fehlen von Ressourcen wie Zeit, Geld, tech. Ausstattung	7%	46%	29%	13%	4%	2,55	

QUELLE UND COPYRIGHTS: VERTRIEBSSTUDIE 2011, PROFILES GMBH, FRANKFURT/M.

Tabelle 3 zeigt diese hier genannten Gründe, warum Mitarbeiter nicht zu einer bestimmten Position passen, auf einen Blick. Es ist wirklich sehr interessant: Die Antworten der Führungskräfte zeigen sehr eindeutig, dass ganz oben auf der Rangliste der Gründe das Fehlen von Persönlichkeitsmerkmalen steht. Fehlendes Fachwissen und Kompetenz hingegen sind in diesem Zusammenhang als eher zweitrangig eingestuft. Der Mangel an Ressourcen wird sogar als eher unbedeutend bewertet. Die Quintessenz für unser Verständnis lautet: Insbesondere im Vertrieb spielen die sogenannten Soft Skills nach Meinung der Befragten eine entscheidende Rolle. Auf sie kommt es an!

Ich möchte Sie an dieser Stelle noch auf etwas hinweisen. Wenn Sie die hier genannten Punkte betrachten, dann leuchtet Ihnen sicher ein, dass es sehr schwierig ist, alle Faktoren mit lediglich einer Auswahlmethode wie Interview bzw. Vorstellungsgespräch, Assessment-Center, Arbeitsprobe oder Profiling/Text zu ermitteln. Ich empfehle meinen Kunden darum stets, mehrere Methoden zu nutzen und diejenigen zu wählen, die am besten zu ihren speziellen Bedürfnissen passen.

4.4. Messverfahren für Schlüsselfaktoren

Um Ihnen die Wahl zu erleichtern, gehen wir am besten auf die Messverfahren im Einzelnen ein.

4.4.1. Fachwissen/Methodenkompetenz

Fachkompetenz lässt sich mit folgenden Methoden testen:
▶ Fachkompetenz-Tests wie Sprachtests, IT-Tests etc.
▶ Strukturierte Interviews: Sie dienen dazu, das Wissen des Kandidaten durch gezielte Fachfragen zu analysieren und seine bisherigen Leistungen einzuschätzen.
▶ Arbeitsprobe: Man lässt den Kandidaten die zukünftige Arbeit probeweise tun und beobachtet ihn dabei.

Effektive Arten, um Methodenkompetenz zu messen, sind:
▶ Simulationen oder Rollenspiele: Man lässt den Kandidaten seine Fähigkeiten zeigen, zum Beispiel ein „Verkaufsgespräch" zu initiieren und zu führen.
▶ Strukturiertes Interview: Die Fähigkeit und die Art, wie jemand verkauft, lassen sich durch sehr fokussierte Fragen herausfinden. So lassen sich zum Beispiel Verkaufskompetenzen wie Prospecting, Abschlüsse und weitere Verkaufsfertigkeiten mit Fragen zu seiner bisherigen Berufspraxis ermitteln.
▶ Assessment Center: Um das Umfeld zu kreieren, das der Kandidat in seiner zukünftigen Arbeit zu erwarten hätte, simuliert man ähnliche oder typische Situationen und beobachtet sein Verhalten.

4.4.2. Ressourcen

Mithilfe einer unternehmensinternen Prozessanalyse kann herausgefunden werden, ob die erforderlichen Ressourcen für eine Position bei einem Kandidaten vorhanden sind. Man muss sich darüber im Klaren sein, was der Output auf der jeweiligen Position ist und diesen Status quo mit dem Sollzustand abgleichen.

Dann sollte man überlegen: Gebe ich dieser Position alle Ressourcen, um dieses Ziel zu erreichen? Wenn das nicht der Fall ist, folgt notwendigerweise die strategische Überlegung: Was muss ich für diese Position zur Verfügung stellen? Sie sollten sich über Folgendes im Klaren sein: Wenn es an dieser Stelle eine strategische Schwäche gibt, dann wird auch der begabteste Kandidat bei Ihnen lediglich zu einem Durchschnittsmitarbeiter werden. Sie haben diesen Bereich in der Hand: Die einzige Ressource, die im Hinblick auf die Ressourcenbestimmung weitgehend außerhalb Ihrer Kontrolle ist, ist die Gesundheit des Kandidaten.

4.4.3. Mentale Fähigkeiten: Kann er die Arbeit machen?

Kognitive Fähigkeiten gehören zu den zentralen Leistungsindikatoren. Eine der zentralen Fragen ist daher, ob Ihr Kandidat die erforderlichen mentalen Fähigkeiten hat, um die Arbeit auszuführen. Viele Verkäufer scheitern in ihrer Arbeit nicht, weil sie nicht die Fachkompetenz, Motivation oder Persönlichkeit besitzen, sondern weil sie nicht die erforderlichen mentalen Fähigkeiten mitbringen. Das kann zum Beispiel die Fähigkeit sein, sich angemessen auszudrücken – oder die Fähigkeit, die vom Kunden gegebenen Informationen zu verarbeiten. In diesen Bereich fällt auch das Wissen über Körpersprache und nonverbalen Ausdruck. Es geht also zunächst sehr stark um Kommunikationsfähigkeiten.

Die zweite kognitive Fähigkeit, die eine wichtige Rolle im Verkauf spielt, ist das Zahlenverständnis. Diese Fähigkeit lässt sich am besten analysieren, indem man Situationen simuliert, in denen diese Fähigkeit gezeigt werden muss oder mithilfe kognitiver Tests. Im Interview hingegen können Sie nur teilweise verbale Ausdrucksfähigkeiten wahrnehmen, aber es ist sehr schwierig, auf diese Weise in Bezug auf andere leistungsrelevante Faktoren ins Detail zu gehen und numerische Fähigkeiten sowie verbales oder numerisches logisches Denken hinreichend zu erfassen. Es ist außerordentlich wichtig, dass die mentalen Fähigkeiten des Kandidaten und die Anforderungen sowie das Potenzial der Position möglichst eng beieinander liegen. Hat der Kandidat weniger Potenzial, als die Stelle verlangt, führt dies zu einer Überlastung. Bringt er viel mehr Fähigkeiten mit, als er nutzen kann, so würde der Mitarbeiter unterfordert und demzufolge unzufrieden sein.

4.4.4. Motivation: Will er die Arbeit machen?

Bedauerlicherweise gehen viele Menschen einer Arbeit nach, die nicht ihren eigentlichen Interessen entspricht. Gerade Verkaufen ist eine sehr anspruchsvolle Tätigkeit, und praktisch niemand entscheidet sich als junger Mensch bewusst dafür, „Vertriebsmitarbeiter" zu werden.

Normalerweise studieren wir nicht Chemie oder Biologie, um Pharmareferent zu werden. Wir werden auch nicht Ingenieur, um technische Produkte zu verkaufen. Gleichwohl gibt es eine Menge Menschen, die es lieben, im Vertrieb zu arbeiten. Ebenso gibt es aber eine erhebliche Zahl von Mitarbeitern, die „irgendwie" dort gelandet sind oder keine Chance in ihrem ursprünglichen Beruf hatten. Was glauben Sie – wer sind wohl die Leistungsträger? Diejenigen, die mit Leidenschaft Vertriebsmitarbeiter sind, oder diejenigen, die den Job halt machen, weil sie das bereits die vergangenen fünf, zehn oder 15 Jahre getan haben? In vielen Fällen sind sich die Kandidaten selbst nicht über ihre wirklichen beruflichen Interessen im Klaren.

Der beste Weg, um diese beruflichen Interessen zu analysieren, sind Tests, kombiniert mit einem effektiven Interview.

4.4.5. Persönlichkeit: Hat er die Persönlichkeit, um die Arbeit auszuführen?

Es ist sehr wichtig, dass die Kandidaten genau die Verhaltensmerkmale haben, die die Arbeit verlangt. Es ist wenig erfolgversprechend, wenn beispielsweise ein extrovertierter Menschen in den Innendienst verfrachtet wird und sich stundenlang am Schreibtisch mit Zahlen und Formularen beschäftigen soll. Genauso ungünstig ist es, wenn ein sehr ergebnisorientierter Mensch eine Arbeit verrichtet, die nicht zu messbaren Ergebnissen führt. Aus diesem Grund ist es extrem wichtig, eine klare Beschreibung der erforderlichen Merkmale, die bei der Arbeit nötig sind, zu haben. Dieses Thema haben wir ja bereits ausgiebig erläutert. Entsprechend bedeutsam ist es, diese Merkmale nun mit denen des Kandidaten zu vergleichen.

Verhaltensmerkmale von Kandidaten können Sie mit effektiven Interviews, kombiniert mit Persönlichkeitsanalysen bzw. Persönlichkeitstests sowie in manchen Fällen auch mit Simulationen bzw. Rollenspielen ermitteln.

Der effektivste Weg, um die genannten Leistungsmerkmale zu ermitteln, ist eine Kombination verschiedener Methoden.

4.5. Welche Methoden sind geeignet?

Im Folgenden möchte ich Ihnen unterschiedliche Verfahren vorstellen und dabei insbesondere in die Interviewtechniken tiefer einsteigen, weil das Auswahlgespräch mit dem Bewerber nach wie vor die am meisten gebrauchte Methode ist und nur wenige ihr die Aufmerksamkeit schenken, die sie verdient. Auch die Ergebnisse unserer hier schon mehrfach zitierten Studie zeigen in Hinblick auf diese Instrumente, dass nach Erfahrung der Führungskräfte Interviews die wichtigsten Informationsquellen sind. Es kommt natürlich vor allem darauf an, dass sie richtig geführt werden.

Tabelle 4: Strukturiertes Interview und Profiling

	1	2	3	4	5	Mittelwert	Sehr gut geeignet
Strukturiertes Interview	53%	30%	14%	2%	0%	1,63	
Profiling-Instrumente	25%	39%	20%	4%	1%	1,84	
Kompetenzmodel *	8%	30%	36%	5%	1%	1,98	
Bauchgefühl Menschenkenntnis	25%	32%	26%	13%	3%	2,35	
Assessment-Center **	15%	26%	32%	14%	3%	2,36	

* 19% antworteten mit: „Ich weiß nicht."
** 8% antworteten mit: „Ich weiß nicht."

QUELLE UND COPYRIGHTS: VERTRIEBSSTUDIE 2011, PROFILES GMBH, FRANKFURT/M.

Die Antworten auf die Frage, womit sich die gewünschten Informationen über einen Kandidaten am besten gewinnen lassen, vermitteln gleich mehrere sehr interessante Erkenntnisse. So rangieren das strukturierte Interview und Profiling-Instrumente gleich hintereinander in der Bewertung als sehr gut bzw. gut geeignet. Allerdings ist die sehr hohe Einordnung von Profiling-Instrumenten sicher darauf zurückzuführen, dass viele Teilnehmer der Umfrage bereits Erfahrungen mit diesem Instrument gesammelt haben. Insgesamt wird dieses Instrument in Deutschland im Vergleich zu anderen europäischen Ländern oder den USA noch sehr selten benutzt.

Spannend ist, dass das Bauchgefühl von einer beachtlichen Teilnehmerzahl als geeignetes Instrument zur Entscheidungsfindung angesehen wird. Schließlich fällt auf, dass die Antwort bei der Frage zum Punkt Kompetenzmodell mit 19 Prozent für „Ich weiß nicht" recht hoch ausgefallen ist. Obwohl sich der Mittelwert für die Antwort Kompetenzmodell mit 1,98 auf dem dritten Platz befindet, liegt die Vermutung nahe, dass Kompetenzmodelle zur Rekrutierung eher differenziert zu betrachten sind. Dies auch, weil nur 8 Prozent der Befragten diese Methode mit „sehr gut" bewertet haben. Würde man demnach die Gewichtung nur auf gut und sehr gut geeignete Maßnahmen reduzieren, würde das Kompetenzmodell abgeschlagen auf den letzten Platz zurückfallen. Meine Erfahrung hat bislang gezeigt, dass viele Firmen bei der Erstellung ihres Kompetenzmodells immer wieder die gleichen zwei Fehler machen.

Zum einem werden übergeordnete, also unternehmensweite Kompetenzen festgelegt, ohne sie für die einzelne Position zu differenzieren und zu gewichten. Zum anderen werden sie sehr häufig ohne Bezug auf die tatsächliche Notwendigkeit im Berufsalltag aufgeführt. Eigentlich müsste man für die wissenschaftliche (also objektive) Aussagekraft der (theoretisch) definierten Kompetenzen immer einen praktischen Test machen.

▶ Ein Beispiel:

Angenommen, Sie möchten einen Verkäufer einstellen und Sie hätten ein Kompetenzmodell, an dem Sie sich für die Rekrutierung orientieren wollten. Ich bin mir sicher, dass das Merkmal. „Teamfähigkeit" bestimmt auch eine Kompetenz ist, die in diesem Kompetenzmodell aufgeführt wäre. Nun müssten Sie in der Realität zwei Mitarbeiter mit den gleichen Rahmenbedingungen die gleiche Arbeit machen lassen. Einen mit erkennbarer Teamfähigkeit und den anderen mit weniger Teamfähigkeit.

Nach einiger Zeit müssten Sie überprüfen, ob der Mitarbeiter mit der höheren Teamfähigkeit auch die besseren Ergebnisse erzielt. Wenn ja, dann wäre Teamfähigkeit eine Kompetenz, die offensichtlich wünschenswert wäre. Wenn nein, brauchen Sie sich mit dem Thema Teamfähigkeit in Zusammenhang mit der Rekrutierung nicht mehr ganz so ausgeprägt zu beschäftigen. Natürlich ist dieses Beispiel statistisch nicht haltbar, da sich mit einem Test mit zwei Mitarbeitern noch keine statistisch fundierten Aussagen treffen lassen. Darum geht es mir an dieser Stelle auch nicht, sondern darum, dass Sie das Prinzip verstehen, tatsächlich nur diejenigen Kompetenzen aufzuführen, die nachweislich für das Einstellen der besten Verkäufer erforderlich sind.

Im Übrigen erlebe ich häufig, dass es für die Einstellungsverantwortlichen schwer ist, Kompetenzen objektiv (also ohne subjektive Beeinflussung) einzuschätzen und einzustufen. In der Praxis sind Einstufungen von Kompetenzen beispielsweise auf einer Skala von 1 bis 5 üblich.

Damit meine ich, wenn ich vielleicht eine Kompetenz mit 4 bewerte, kann es durchaus sein, dass ein Kollege sie mit 5 und wieder ein anderer sie mit 3 einstuft. Es empfiehlt sich daher, sich im Hinblick auf das Erstellen von Kompetenzprofilen beraten zu lassen bzw. Kompetenzmodelle konsequent auf Stellenbeschreibung und Anforderungsprofil aufzubauen.

In diesem Buch werde ich nicht auf die Details alternativer Methoden eingehen. Wir konzentrierten uns hier darauf, wie man effektive Interviews führt. Sie werden dabei erkennen, dass effektive Interviews genau den gleichen Prinzipien folgen wie effektive Verkaufsgespräche. Bevor wir mit der Kunst der richtigen Interviews starten, gebe ich Ihnen jedoch einen Überblick über zwei sehr häufig genutzte alternative bzw. ergänzende Methoden.

4.6. Assessment-Center (AC)

Assessment-Center (AC) werden gemeinhin eingesetzt, um Kandidaten hinsichtlich ihrer positionsrelevanten Kompetenzen und Eigenschaften einzuschätzen. Fester Bestandteil eines Assessment-Centers sind Simulationen bzw. Rollenspiele, um die Verhaltensweisen der Teilnehmer kennenzulernen. Dazu gehört es zum Beispiel, ein Verkaufsgespräch zu führen, eine Organisationsaufgabe als Gruppe zu lösen, eine Präsentation zu gestalten, mit einem Kunden zu sprechen, der sich beschwert. Oft werden die Teilnehmer dabei beobachtet, wie sie ein Unternehmensproblem diskutieren oder geschäftliche Entscheidungen treffen.

Geschulte Beobachter beobachten das Verhalten und geben Bewertungen dessen, was sie gesehen haben. Diese vielseitigen Informationsquellen werden in der Beobachterkonferenz zusammengeführt. Das Ergebnis dieser Besprechung ist üblicherweise eine Bewertung der Stärken und Schwächen der Kandidaten in Bezug auf die analysierten Eigenschaften.

Zum besseren Verständnis hier eine Übersicht über den Ablauf eines AC-Prozesses.

Der typische AC-Prozess[2]

1. Definition der jeweiligen AC-Ziele
2. Entscheidung für die zu den Zielen passenden Methoden
3. Auswahl und Konstruktion der Übungen auf Basis des „Anforderungsprofils"
4. Training und Einarbeitung des Beobachterteams
5. Kommunikation/Einladung der Teilnehmer
6. AC-Durchführung des Workshops
7. Beobachterkonferenz

4.6.1. Vorteile von ACs

Das besondere an der AC-Methode ist, dass verschiedene individuelle Bewertungstechniken miteinander kombiniert werden können. Ein Assessment-Center kann unterschiedliche Verfahren, wie zum Beispiel Profiling, Einzelgespräch und Gruppeninterview, beinhalten. Am häufigsten werden Situationsübungen eingesetzt. Sie ermöglichen es, komplexes Verhalten von Kandidaten zu beobachten, wenn sie beispielsweise mit anderen Menschen interagieren, Probleme lösen, Ideen präsentieren oder Verkaufsanrufe tätigen. Die Übungen und Aufgaben im Assessment-Center sollen dabei natürlich die grundlegenden Merkmale von Position und Unternehmen widerspiegeln. Ein sehr gut ausgeführtes „Anforderungsprofil", wie wir es im Kapitel „Fokus" gesehen haben, sollte die Basis für die Übungen sein.

Die Arbeit mit ACs ist eine sehr effiziente Methode, um beobachtbares Verhalten zu erfassen. ACs können sehr gut mit anderen Methoden kombiniert werden. Das ist vor allem dann wichtig, wenn man über das beobachtbare Verhalten hinausgehen und zum Beispiel verstehen will, warum ein Kandidat in welcher Weise handelt. Für diese Ebene eignen sich sehr gut Profiling-/Eignungsdiagnostik-Instrumente.

4.6.2. Grenzen von ACs

Es gibt vielfältige Kritik an Assessment-Centern. So wird zum Beispiel angeführt, dass der Prozess sehr komplex ist und mehrere Tage in Anspruch nehmen kann. Das operative Management und die Personalverantwortlichen müssen entsprechend Zeit investieren, da sie als Beobachter fungieren.

---

2   Kurt Durnwalder (Hrsg.): Assessment-Center – Leitfaden für Personalentwickler, München, 2001

Angesichts des aktuellen Arbeitnehmermarktes ist es zunehmend schwierig, „passende" Kandidaten zu finden. Einige Unternehmen haben schon Kandidaten verloren, weil sie diese bis zum nächsten AC in der Warteschleife gehalten haben. Viele Führungskräfte fragen sich mittlerweile, ob die Vorteile, die ACs zweifellos haben, die Investitionen rechtfertigen – insbesondere im Vergleich zu kostengünstigeren Bewertungsmethoden. Letztendlich hängt die Qualität der Assessment-Center von den Fähigkeiten der Gutachter und der Relevanz des „Anforderungsprofils" ab.

Fassen wir zusammen: Wie jede andere Analysemethode haben ACs Vor- und Nachteile. Wenn Sie korrekt ausgeführt und mit anderen Methoden kombiniert werden, können sie sehr effektiv sein. Insbesondere die Möglichkeiten, Arbeitssituationen zu simulieren, das Unternehmensklima darzustellen und das Verhalten beziehungsweise für die Position bedeutende Verhaltensmerkmale der Kandidaten zu beobachten, besitzen einen sehr hohen diagnostischen Wert.

4.7. Online-Profiling/Eignungsdiagnostik-Instrumente

Unter den Begriffen Online-Profiling oder -Eignungsdiagnostik bzw. Online-Assessment-Instrumente sind strukturierte Online-Fragebögen zusammengefasst, die es ermöglichen, die Eignung von Kandidaten für unterschiedliche berufliche Tätigkeiten mithilfe von speziellen Computerprogrammen zu evaluieren. Diese Online-Eignungsdiagnostik-Instrumente gehören zur Gruppe der psychologischen Testverfahren.

Man unterscheidet im Wesentlichen drei unterschiedliche Arten von Profiling-/Eignungsdiagnostik-Instrumenten:

▶ *Fähigkeitstest:* Diese Tests messen Fähigkeiten – von Intelligenz bis hin zu berufs- bzw. positionsbezogenen Eignungen.
▶ *Persönlichkeitstests:* Sie messen Charaktereigenschaften und Verhalten.
▶ *Berufliche Interessen-Tests:* Sie messen berufliche Motivationen.

Jedes Profiling-Instrument, das bestimmte arbeitsbezogene Fähigkeiten methodisch korrekt misst, ist auf jeden Fall ein wertvoller Indikator zukünftiger Leistungen. Wissenschaftlich fundierte, leistungsbezogene Instrumente sind unter anderem dazu geeignet, Bewertungen aus strukturierten Interviews zu festigen.

So sollte man beispielsweise sehr aufmerksam werden, wenn Profiling-Resultate nicht mit den im Auswahlgespräch gewonnen Informationen übereinstimmen.

Wir gehen später im Abschnitt über Interviewtechnik noch genauer darauf ein, mit welchen Fragen sich Führungskräfte und Personalverantwortliche mehr Sicherheit verschaffen können. Grundsätzlich lässt sich sagen:

Die beste Art, zukünftige Leistungen einzuschätzen, ist, vergangene Leistungen zu betrachten.

Wenn ein bestimmtes Profiling-Element also Zweifel oder Unsicherheit im obigen Sinne auslöst, dann sprechen Sie mit Ihrem Kandidaten nach der Auswertung über Beispiele, wie er entsprechende Situationen in der Vergangenheit gelöst hat.

Es gibt unterschiedliche Online-Profiling-/Assessment-Instrumente. Wenn sie mit dem erforderlichen wissenschaftlichen und praxisbezogenen Hintergrund konstruiert sind, sind sie hervorragend geeignet, um kognitive Fähigkeiten und die Persönlichkeit von Bewerbern zu evaluieren. Kognitive Fähigkeiten, berufliche Motivationen und Verhaltensmerkmale sind drei der kritische Erfolgsfaktoren – und geben kombiniert mit Einzelgespräch und Panel-Interview ein recht zuverlässiges Bild, wie geeignet ein Kandidat für ein Position tatsächlich ist.

In meinem Unternehmen nutzen wir ProfileXT, weil es als eines von wenigen Profiling-Instrumenten in der Lage ist, im Hinblick auf diese drei kritische Erfolgsfakten die im Falle einer Einstellung zu erwartenden Leistungen und die Eignung („Job Matching") des Kandidaten im Sinne des „Anforderungsprofils" in einem Verfahren zu evaluieren.

Es würde den Rahmen sprengen, den ganzen Markt an Online-Eignungsdiagnostik-Instrumenten hier aufzufächern. Stattdessen werde ich Ihnen im Folgenden anhand von ProfileXT exemplarisch aufzeigen, welche Leistungen ein hochwertiges Online-Diagnostik-Instrument für den Einstellungs- und Personalführungsprozess haben kann. Dieser Einblick erleichtert es Ihnen, Ihre eigenen Bedürfnisse zu formulieren und generell die Leistungen von Online-Instrumenten einzuschätzen.

Was ist und wie funktioniert ProfileXT?

ProfileXT ist ein multifunktionelles, dreidimensionales Profiling-System, das international nicht nur für die Bewerberauswahl, sondern auch für Coaching, Entwicklung und Standortbestimmung eingesetzt wird. ProfileXT zielt zum einen darauf ab, ein „Anforderungsprofil" für einen bestimmten Arbeitsplatz zu erzielen, zum anderen Personen auszuwählen, die diese Anforderungen erfüllen können. Die Auswertung ergibt dann ein Deckungsbild von der Person im Verhältnis zu den Anforderungen der jeweiligen Position.

Basierend auf wissenschaftlichen Erkenntnissen stützt sich ProfileXT auf die drei wichtigsten Fragen im Kontext der Personalauswahl:

Abbildung 7: Die drei Grundfragen von ProfileXT

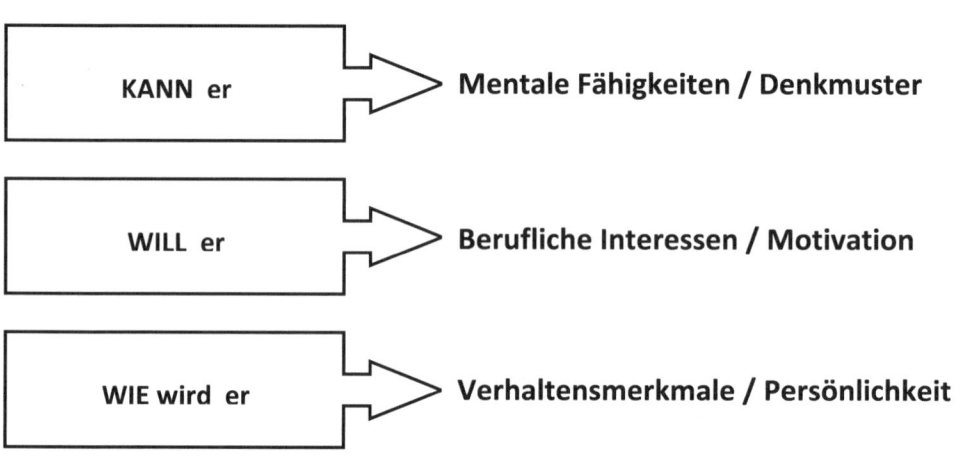

Die Antworten auf die drei in Abbildung 7 herausgehobenen Fragen sind entscheidend für die Wahrscheinlichkeit, mit der ein Kandidat eine Stelle erfolgreich ausfüllen wird. ProfileXT ermöglicht es, durch Erfassen von Denkmustern, beruflichen Interessen und Verhaltensmerkmalen Charakteristika eines Kandidaten aufzuzeigen und diese mit den beruflichen Anforderungen abzugleichen. Ziel ist es, eine höchstmögliche Kongruenz zwischen einer Person und den Anforderungen einer Arbeitsstelle zu erreichen. Es geht dabei übrigens nicht nur um eine „Auslese" von Seiten des Arbeitgebers, denn diese Übereinstimmung ist im Sinne von Unternehmen und Arbeitnehmer: Wissenschaftliche Studien weisen nicht ohne Grund immer wieder darauf hin, dass eine Übereinstimmung dieser Faktoren zu höherer Zufriedenheit bei Stelleninhabern und größerem Berufserfolg führt.

ProfileXT ist im Übrigen nicht nur für die Personalauswahl geeignet, sondern kann auch in der Personalentwicklung eingesetzt werden. Die genaue Analyse der Fähigkeiten, Interessen und Verhaltensmerkmale von Stelleninhabern ermöglicht spezifisch zugeschnittene, individuelle Entwicklungspläne. Auf diesem Wege wird es möglich, Mitarbeiter optimal zu fördern.

Ferner bietet das Instrument spezifische Anforderungsprofile für bestimmte Berufe, einen Katalog mit zielführenden Fragen für Bewerbergespräche sowie Vergleichsmöglichkeiten zwischen Bewerbern und den Spitzenkräften eines Unternehmens. Auf diese Weise wird ein umfassendes Analyseprofil der untersuchten Personen ermöglicht. Außerdem können die Stellenprofile jeweils an unternehmensspezifische Anforderungen angepasst werden.

Der erste Schritt besteht im Verfassen eines Anforderungsprofils für die zu besetzende Stelle. Um die konkreten Anforderungen einer Stelle zu analysieren, stehen mit ProfileXT mehrere Möglichkeiten zur Verfügung: Eine Möglichkeit ist es, eine Benchmark-Studie durchzuführen, in der die Arbeitnehmer, die deutlich bessere Leistungsergebnisse vorweisen können als ihre Kollegen, ProfileXT bearbeiten. Aus den Ergebnissen des Benchmarking extrahiert man statistische Gemeinsamkeiten und kann so feststellen, welche übereinstimmenden Merkmale die besten Mitarbeiter gemeinsam haben.

Eine andere Möglichkeit besteht darin, eine Befragung von Vorgesetzten und Experten durchzuführen, die aufgrund ihrer Erfahrungen Auskunft über die in einer Position erforderlichen Merkmale und Fähigkeiten geben können. Zusätzlich bietet ProfileXT eine Datenbank mit 1.000 unternehmensübergreifend erstellten Stellenprofilen zur Auswahl an. Diese Profile können kombiniert und auf diese Weise auf die spezifischen Anforderungen eines bestimmten Unternehmens zugeschnitten werden. Nachdem ein Anforderungsprofil für eine bestimmte Stelle erstellt wurde, bearbeiten Bewerber das Profiling.

Für die Auswertung wird für jede der drei Profiling-Bereiche – Denkmuster, Verhaltensmerkmale und Berufsinteressen – der Akzeptanzbereich auf einer Skala von 1 bis 10 festgelegt. Die Festlegung basiert auf den STEN-Werten (psychodiagnostischen Skalenwerten), die erfolgreiche Mitarbeiter gewöhnlich erreichen (Anforderungsanalyse). Auf diese Weise können die STEN-Werte der Kandidaten mit den festgelegten Akzeptanzbereichen verglichen werden.

Es wird zusätzlich für jeden der drei Profiling-Bereiche eine Prozentzahl angegeben, aus der sich die Übereinstimmung des Kandidaten mit der speziellen Anforderung ergibt. Zusätzlich wird eine prozentuale Angabe der Gesamtübereinstimmung des Kandidaten mit den Anforderungen angegeben, bei der alle drei Assessment-Bereiche berücksichtigt werden. Durch die vorher festgelegten Akzeptanzbereiche auf allen Skalen (Anforderungsprofil), lässt sich nun derjenige Bewerber finden, der mit dem vorher bestimmten Profil am besten übereinstimmt.

Muster für A-Kandidat

Vertriebsmanager

Übereinstimmung [▓▓▓▓▓▓▓▓▓▓▓▓▓▓░░] 90%

Denkmuster

										Übereinstimmung
Lernindex						6	**7**	8	9	
Verbaler Ausdruck						**6**	7	8	9	**95%**
Verbales Denken						6	**7**	8	9	
Umgang mit Zahlen						6	7	8	**9**	
Numerisches Denken						6	7	**8**	9	

Verhaltensmerkmale

										Übereinstimmung
Energie-Ebene						**6**	7	8	9	
Durchsetzungsstärke						**6**	7	8	9	**83%**
Soziale Ausrichtung						6	7	8	**9**	
Lenkbarkeit	2	**3**	4	5						Abweichungsrate **9**
Grundeinstellung		3	**4**	5						
Entscheidungsstärke						7	**8**	9		
Kompromissfähigkeit		3	**4**	5	6					
Unabhängigkeit						**6**	7	8	9	
Objektivität		**3**			6	7	8	9		

Berufsinteressen

Die übergeordneten Berufsinteressen der Position

											Übereinstimmung
Unternehmergeist							**7**				
Technologie						**6**					**94%**
Finanzen/Verwaltung						**6**					

Die untergeordneten Berufsinteressen der Position

Dienst am Menschen			3							
Mechanik				5						
Kreativität			4							

Beim Job Match Prozess für die Berufsinteressen geht es um die drei wichtigsten Berufsinteressen eines Anforderungsprofils. Die drei für dieses Anforderungsprofil werden hier in der Rangfolge ihrer Wichtigkeit von oben nach unten aufgelistet.

Hinweis: Die markierten Werte zeigen die höchsten Berufsinteressen von Herrn Muster an.

Innerhalb einer guten Eignungsdiagnostik ist es immer wichtig, den Kandidaten in verschiedenen Dimensionen richtig einzuschätzen und in der Folge mit dem Anforderungsprofil zu vergleichen (Job Match). Die gerasterten Bereiche stellen das Anforderungsprofil (Soll-Profil z. B. auf Grundlage einer Benchmark von Leistungsträgern) dar. Die schwarzen Markierungen stellen die Ist-Werte des jeweiligen Kandidaten dar.

Im ersten Beispiel (A-Kandidat) lässt sich leicht erkennen, dass es sich hierbei um einen „passenden" Kandidaten handelt.

Aufgrund des Ergebnisses mit einer 90-prozentigen Übereinstimmung mit dem Soll-Profil können wir mit sehr hoher Wahrscheinlichkeit sagen, dass der Kandidat für den Job geeignet ist.

Doch schauen wir uns die Bereiche einmal im Detail an. Die kognitiven Fähigkeiten (hier Denkmuster) geben uns wichtige Informationen über das Lernverhalten und die Verarbeitung von Informationen. Da in den meisten Vertriebsorganisationen ein steter Wandel an Neuerungen und Veränderungen stattfindet, das heißt permanent neue Informationen verarbeitet werden müssen, ist in unserem Beispiel das Anforderungsprofil zwischen 6 und 9 recht hoch ausgefallen.

Der A-Kandidat hat keine Probleme, neue Informationen in angemessenem Tempo aufzunehmen, umzusetzen und zu verarbeiten, um daraus dann Rückschlüsse für die tägliche Arbeit zu ziehen und die Informationen als Grundlage für Entscheidungen zu verwenden.

Bei den Verhaltensmerkmalen können wir ebenfalls wichtige Leistungsparameter für den Vertrieb ablesen. Die Energieebene beispielsweise ist ausschlaggebend für die Quantität, also die Fähigkeit, die notwendigen Schlagzahlen (Anzahl Besuche, Anrufe, Kontakte usw.) zu erfüllen.

Bei der Durchsetzungsstärke bekommen wir wichtige Informationen zur „Abschluss-Stärke". Der A-Kandidat könnte hier durch entsprechendes Training oder Coaching in seinem Verhalten seine Abschluss-Stärke eventuell noch verbessern.

Bei den Einwandbehandlungen muss darauf geachtet werden, ob die Einwände, aufgrund mangelnder Objektivität, nicht zu subjektiv behandelt werden.

Wie Sie sehen, hat der A-Kandidat in diesem Beispiel eine recht hohe Entscheidungsstärke. Gekoppelt mit der doch recht niedrigen Objektivität müssen hier seitens der Führung seine Entscheidungen hinsichtlich Sachlichkeit beobachtet werden.

Muster für C-Kandidat

Vertriebsmanager

Übereinstimmung   40%

Denkmuster

Merkmal	Wert	Zielbereich
Lernindex	3	6 7 8 9
Verbaler Ausdruck	3	6 7 8 9
Verbales Denken	4	6 7 8 9
Umgang mit Zahlen	4	6 7 8 9
Numerisches Denken	2	6 7 8 9

Übereinstimmung 25%

Verhaltensmerkmale

Merkmal	Wert	Zielbereich
Energie-Ebene	5	6 7 8 9
Durchsetzungsstärke	5	7 8 9
Soziale Ausrichtung	7	6 7 8 9
Lenkbarkeit	6	2 3 4 5 6
Grundeinstellung	9	3 4 5
Entscheidungsstärke	6	6 7 8 9
Kompromissfähigkeit	4	3 4 5 6
Unabhängigkeit	5	7 8 9
Objektivität	8	6 7 8 9

Übereinstimmung 64%

Abweichungsrate 8

Berufsinteressen

Die übergeordneten Berufsinteressen der Position

Merkmal	Wert
Unternehmergeist	2
Technologie	3
Finanzen/Verwaltung	2

Übereinstimmung 39%

Die untergeordneten Berufsinteressen der Position

Merkmal	Wert
Dienst am Menschen	3
Mechanik	3
Kreativität	2

Beim Job Match Prozess für die Berufsinteressen geht es um die drei wichtigsten Berufsinteressen eines Anforderungsprofils. Die drei für dieses Anforderungsprofil werden hier in der Rangfolge ihrer Wichtigkeit von oben nach unten aufgelistet.

Hinweis: Die markierten Werte zeigen die höchsten Berufsinteressen von Herrn Muster an.

QUELLE UND COPYRIGHTS: PROFILES INTERNATIONAL INC., WACO, TEXAS, USA

Im zweiten Beispiel (C-Kandidat) lässt sich durch die starke Abweichung zum Soll-Profil leicht erkennen, dass es sich hierbei um einen „nicht passenden" Kandidaten handelt.

Aufgrund des Ergebnisses mit einer 40-prozentigen Übereinstimmung mit dem Soll-Profil können wir mit sehr hoher Wahrscheinlichkeit sagen, dass der Kandidat für den Job nicht geeignet ist.

Doch schauen wir uns die Bereiche auch hier einmal im Detail an. Alle Skalen im Bereich Denkmuster liegen erkennbar unterhalb des Anforderungsprofils. Dies legt die Vermutung nahe, dass der Kandidat für die Interaktion mit Kunden, das Erlernen neuer Produkte und Systeme wahrscheinlich einige Schwierigkeiten haben dürfte oder zumindest einen angepassten Zeitraum und/oder Unterstützung bräuchte, um die neuen Inhalte zu erlernen.

Im Bereich der Verhaltensmerkmale sieht das Ergebnis (obwohl auch häufig außerhalb des Soll-Profils) schon etwas besser aus. Dennoch gibt es in der Summe 6 von 9 Skalen, in denen eine Abweichung vom Soll-Profil zu erkennen ist.

Hier wären zwei verkäuferrelevante Skalen etwas näher zu betrachten:

Energie-Ebene. Hier hatten wir ja bereits erwähnt, dass diese Skala relevant für die Quantität ist. Gemessen an der Allgemeinheit ist der erreichte Wert von 5 eher normal. Im Verkauf, besonders im aktiven Verkauf, ist die oftmals notwendige Schlagzahl jedoch nicht zu unterschätzen. Dies besonders unter einer längerfristigen Belastung.

Gleiches gilt ebenso für die Durchsetzungsstärke. Die Position verlangt scheinbar ein Verhalten, das seinen bevorzugten Verhaltensweisen nicht ganz entspricht. Dies hätte eine permanentes Handeln gegen die eigene Natur zur Folge, die zu Unzufriedenheit und/oder im Extremfall zu Leistungsverlust und Krankheit führen könnte.

Bei den Berufsinteressen können wir klar sehen, dass die Interessen des Kandidaten kaum mit den erwünschten Interessen der Position korrelieren. Zusätzlich kann man erkennen, dass selbst seine höchsten Interessenbereiche unter 3 sind. Dies lässt die Vermutung zu, dass der Kandidat entweder überhaupt keine Interessen hat oder zurzeit nicht weiß, was er will. Zusätzlich kann man davon ausgehen, dass der wichtigste Interessenbereich für den Verkauf der Unternehmergeist ist. Wenn es hierbei schon starke Abweichungen gibt, ist der Rest nur noch kritischer zu bewerten.

Von den Profiling-Bereichen von ProfilingXT sind für den Vertrieb insbesondere der Vertriebseignungsbericht und der Vertriebsmanagementbericht von Bedeutung. ProfileXT-Berichte bestehen aus mehreren Elementen, die für unterschiedliche Anwendungen genutzt werden können.

Vertriebseignungsbericht

Der Vertriebseignungsbericht dient der detaillierten Beurteilung von Vertriebsfachleuten und Verkäufern, die den Außendienst verstärken sollen. Er kann auch zur Bewertung bereits eingestellter Außendienstler herangezogen werden. Der Bericht zeigt Stärken und Schwächen der bewerteten Personen und ihre besonderen Interessengebiete auf. Die aus dem Bericht gewonnenen Informationen können bei der Stellenbesetzung, beim Coaching und bei Schulungen eine große Hilfe sein.

Vertriebsmanagementbericht

Dieser Bericht ist für Vorgesetzte ein wichtiges Hilfsmittel, um Vertriebsmitarbeiter bei der Verbesserung ihrer Arbeitsgewohnheiten zu unterstützen. Der Bericht enthält Vorgaben, durch deren Befolgung Mitarbeiter im Verkauf sich mit ihrer Vertriebsleistung den Werten von Spitzenkräften annähern können. Der Einsatz des Berichts zur Führung und Entwicklung von Vertriebsmitarbeitern trägt auch dazu bei, Führungsqualitäten von Vorgesetzten im Vertrieb zu verbessern.

Mit Komponenten von ProfileXT können die wesentlichen Fragen im Personalprofiling beantwortet werden:

Tabelle 5: Fragen zum Job Match

Anforderungsprofil	**WELCHE** spezifischen Anforderungen hat der Arbeitsplatz?
Denkmuster	**KANN** die Person die Arbeit leisten?
Verhaltensmerkmale	**WIE** wird die Person die Arbeit leisten?
Berufsinteressen	**WILL** die Person die Arbeit machen?

Die Kombination von Anforderungsprofil und den jeweiligen Skalen ermöglicht die Beantwortung der übergreifenden Frage nach dem bestmöglichen „Job Match", sprich: der Antwort auf die Frage: „Passen Kandidat und Arbeit zusammen?"

Ein strategischer Vorteil besteht darin, dass ProfileXT - wie andere ähnliche Instrumente - ein Onlineverfahren ist. So kann es an allen Standorten bearbeitet werden, an denen Zugang zum Internet besteht. Der Zugang erfolgt über einen sicheren Link.

Nicht selten muss eine Stelle allerdings sehr zügig besetzt werden. Auch in diesem Fall stellt sich das Instrumentarium als effiziente Lösung dar. Denn: Die Ergebnisse der Befragungen stehen unmittelbar nach Beendigung des Profilings online zur Verfügung - unabhängig davon, in welchem Land oder in welcher Sprache die Ergebnisse angefordert werden.

ProfileXT kann eine präzise Vorhersage über die Übereinstimmung zwischen den Anforderungen einer Stelle und den Merkmalen, Fähigkeiten und Interessen einer Person machen. Wichtig ist, dass dabei nicht gemessen wird, ob der Kandidat „gut" oder „schlecht" ist, sondern vielmehr, ob der Kandidat auf das von Ihnen erstellte Anforderungsprofil „passt" oder „nicht passt".

Sie bekommen also sehr schnell sehr präzise Angaben über einen Kandidaten. Allerdings hat auch dieses Instrument Grenzen, und zwar in dem Sinne, dass Ihnen dieses Analyseinstrument nicht sagen kann, ob ein Mensch wirklich alle seine Fähigkeiten nutzt und sozusagen sein Potenzial lebt. Sie wissen es selbst: Es gibt viele Menschen, die ein großartiges Potenzial haben, es aber nie wirklich nutzen, weil tiefe, gar nicht oder nicht hinreichend bearbeitete Blockaden sie daran hindern. Allerdings darf man nicht vergessen, dass wir es mit Menschen zu tun haben, die gelernt haben, ihre Schwächen zu managen, zu überwinden oder - im besten Falle - sogar Stärken daraus zu entwickeln.

Aus diesem Grund empfehlen wir, solche Online-Diagnostikinstrumente wie ProfileXT als Hilfsmittel zu verstehen, um effektive Interviews führen zu können. Die diagnostischen Ergebnisse liefern Ihnen die wichtigen Informationen über mögliche Risikofaktoren. Der Vorteil ist, dass Sie im Interview tiefer und gezielter auf diese Bezug nehmen können. Ich bringe das gern auf folgende Faustformel:

Online-Diagnostikinstrumente sind großartige „Hilfsmittel", aber sie sind keine „Heilmittel" oder „Versicherungen" gegen jedwede Unwägbarkeiten.

Und ich gehe sogar noch weiter: Die besten Voraussagen über zukünftiges Verhalten gewinnen Sie durch strukturierte und leistungsbasierte Interviews, wenn Sie diese auf die richtige Weise durchführen. Das bringt uns zum nächsten Punkt:

4.8. Interviews

Es gibt verschiedene Arten von Interviews, häufig auch Bewerbungsgespräch oder Vorstellungsgespräch genannt, die Sie als Teil Ihres Auswahlprozesses durchführen können. Die am häufigsten genutzten sind die folgenden:

1. Telefoninterviews
2. Panel-Interviews (vor einem Gremium)
3. Einzelgespräche (One-on-One-Interviews).

Jede dieser hier genannten Kommunikationssituationen entspricht von der Struktur her einer Verkaufssituation, wenn wir Kunden gewinnen wollen.

1. Der Telefonkontakt mit dem Kandidaten ist wie der Kontakt mit dem Kunden, um einen ersten Termin zu bekommen.
2. Das Panel-Interview entspricht der Präsentation vor einer Gruppe.
3. Das Einzelgespräch entspricht dem Verkaufsgespräch.

Also kurz gesagt: Ein effektives Interview funktioniert wie eine effektive Verkaufspräsentation. Darum gilt auch hier die Regel:

„Inspect, what you expect!" (Kontrolliere, was du erwartest!)

Unabhängig davon, welche Interviewmethode Sie verwenden, haben Sie stets eine Ressource, die Sie dafür nutzen können: den Lebenslauf.

4.8.1. Lebensläufe richtig lesen

Bevor wir uns intensiver mit effektiven Interviewtechniken befassen, würde ich gern ausführen, wie man Lebensläufe richtig liest. Diese Ausführungen rufen auch in meinen Workshops selbst bei erfahrenen Führungskräften immer wieder „Aha"-Effekte hervor. Lebensläufe sind die Zusammenfassung des bisherigen Berufslebens des Kandidaten. Wenn der Lebenslauf sorgfältig mit dem Anforderungsprofil abgeglichen wird, können Sie daraus außerordentlich wertvolle Informationen über die Person und deren bisheriges Leben gewinnen.

Der wichtige Teil in einem Lebenslauf ist der chronologische. Ich persönlich bin gegenüber Zeugnissen außerordentlich skeptisch und achte bei den Referenzen immer auf spezielle Aspekte. Darauf gehen wir später noch genauer ein.

Der chronologische Datensatz über Ausbildung und die bisherige Berufslaufbahn gibt uns erste Informationen über Fortschritte, die der Kandidat bis heute in seinem Leben gemacht hat. Das Spannende: Sie können immer bestimmte Muster in Lebensläufen erkennen.

Fortschritt/Entwicklung

Abbildung 10: Lebenslauf - Entwicklung

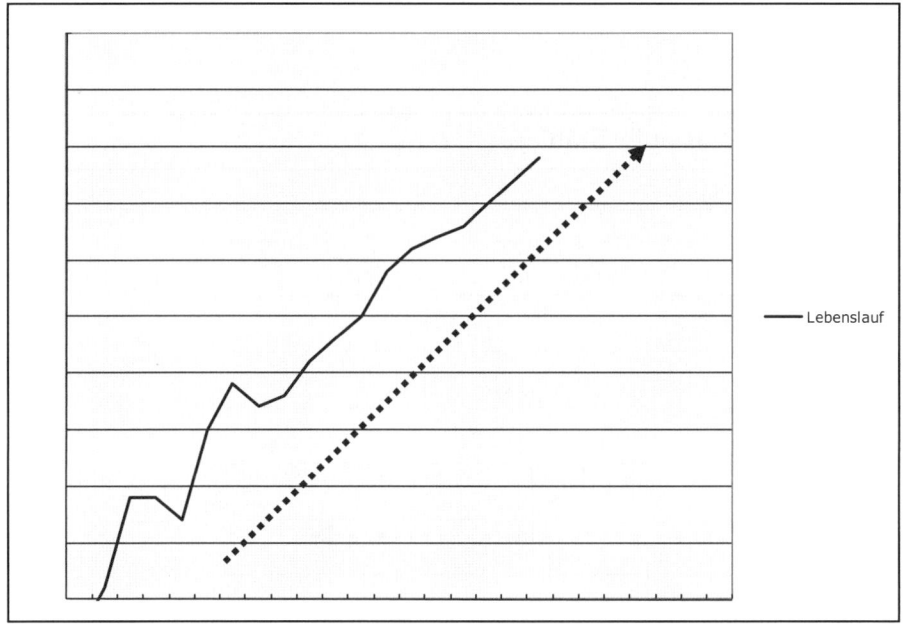

Das in Abbildung 10 dargestellte Muster zeigt, dass der Kandidat stets einen Fortschritt in seiner Ausbildung bzw. seinem Berufsleben erzielt hat. Das ist ein sehr positives Zeichen, solange die von Ihrem Unternehmen zu besetzende Stelle ihm die Möglichkeit gibt, sich zu entwickeln - sei es finanziell oder/und in seiner Karriereentwicklung oder in Bezug darauf, mehr Verantwortung zu übernehmen. Solche Kandidaten suchen stets nach einer Möglichkeit, sich zu „verbessern". Wenn sie das Gefühl haben, sie stecken fest, dann verlassen sie Ihr Unternehmen.

In diesem Zusammenhang ist es außerordentlich wichtig, die Informationen aus dem Lebenslauf zu validieren. Man sollte sicherstellen, dass der dort beschriebene Fortschritt tatsächlich stattgefunden hat und auf der eigenen Leistung des Kandidaten beruht.

Sie können die Informationen überprüfen, indem Sie in Bezug auf die Erfahrungen des Kandidaten tiefer schürfen, zum Beispiel mit Fragen wie:

▶ „Welche speziellen Fertigkeiten (im Sinne von Fachwissen und Qualifikationen) und welche Fähigkeiten bringen Sie in Ihre aktuelle Tätigkeit ein?"
Oder:

▶ „Was haben Sie in der Vergangenheit erreicht, das Sie speziell für diese Position qualifiziert?"

Stabilität

Abbildung 11: Lebenslauf - Stabilität

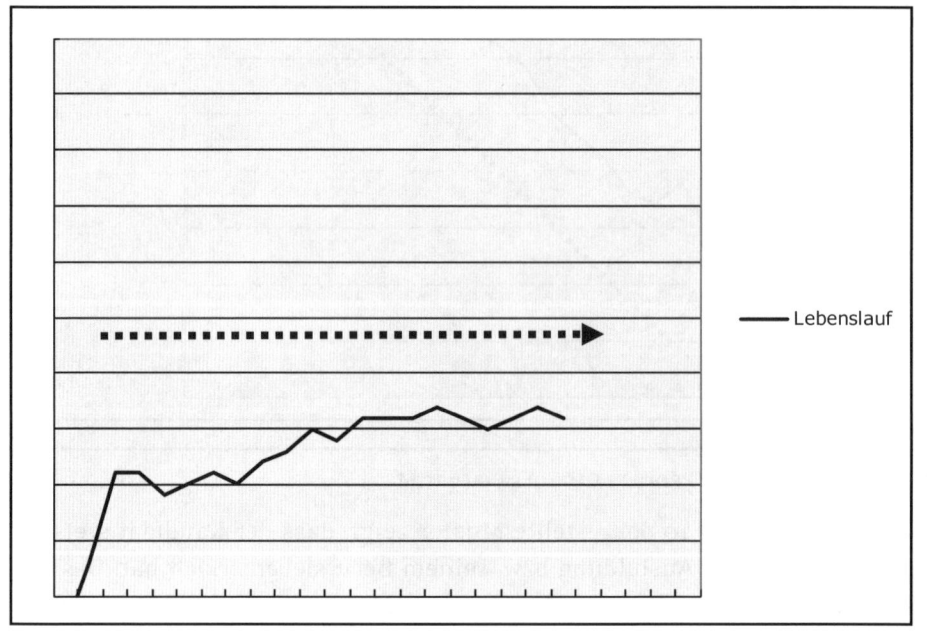

Lebenslauf

Abbildung 11 zeigt ein Muster, das durch absolute Stabilität geprägt ist. Es gibt keine negativen, aber auch keine positiven Entwicklungen. Solch ein Profil ist absolut in Ordnung, wenn die zu vergebende Position lang andauernde Zufriedenheit ohne die Chance, sich weiter zu entwickeln oder einen Karriereprozess zu durchlaufen, verspricht. Es ist riskant, wenn Sie von dem potenziellen Mitarbeiter erwarten, dass er ständig an sich arbeiten und sich verbessern soll. In solchen Fällen sollten Sie herausfinden, was er für seine Zukunft erwartet, und sich seine bisherige Geschichte sehr genau erklären lassen. In Bezug auf Verkaufspositionen sollten Sie insbesondere durch Fragen herausfinden, ob es ihm gelungen ist, seine Verkaufszahlen zu verbessern. Ich stelle in solchen Fällen immer die Frage:

▶ „Was halten Sie für Ihre größte Leistung?"

Die Antwort auf diese Frage gibt Ihnen einen Hinweis darauf, wie er für sich „Leistung" definiert und ob er ein Highlight in seiner scheinbar von Routine geprägten Arbeit nennen kann.

Inkonsistenz

Abbildung 12: Lebenslauf - Inkonsistenz

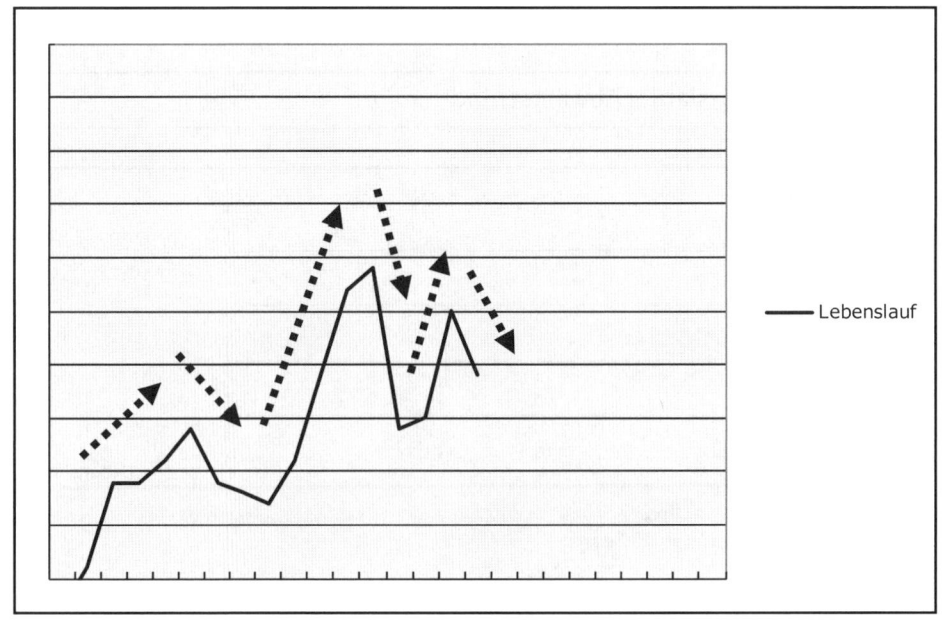

Das Muster in Abbildung 12 zeigt, dass der Kandidat einige Inkonsistenzen in seiner Ausbildungs- und Berufsgeschichte hat. In diesem Fall ist es wichtig, nach den tieferen Gründen zu fahnden und Details über diese Unstetigkeit zu erfahren, um sicher zu gehen, dass sich dieses nicht in Zukunft wiederholt. Es ist hilfreich, solcherart aus dem Lebenslauf gewonnene Erkenntnisse später über ein Profiling zu überprüfen – sofern Sie diese Art von Werkzeug in Ihrem Auswahlprozess nutzen. So können Sie feststellen, ob die Informationen von Lebenslauf und Profiling sich miteinander decken. Wenn das nicht der Fall ist, sollten Sie – ganz gleich, wie Ihr Eindruck aus dem Bewerbungsgespräch ist – sehr vorsichtig sein.

Nehmen wir einmal an, wir haben es mit einem Kandidaten zu tun, der sehr oft seine Arbeitsstelle und die Branche gewechselt hat. Wenn dann gleichzeitig sein „Berufliche Interessen"-Test zeigt, dass er zu viele Interessen hat und Fokussierungsprobleme haben könnte, dann ist es sehr wahrscheinlich, dass er bereits nach kurzer Zeit die Stelle bei Ihnen aufgibt. Das ist nicht das, was Sie erwarten, wenn Sie gerade eine Stelle langfristig besetzen wollen.

In solchen Fällen sollten Sie die Höhen und Tiefen im Lebenslauf sehr genau betrachten, um abschätzen zu können, ob dieses Muster in Zukunft vermieden werden kann.

Abwärtstrend

Abbildung 13: Lebenslauf – Abwärtstrend

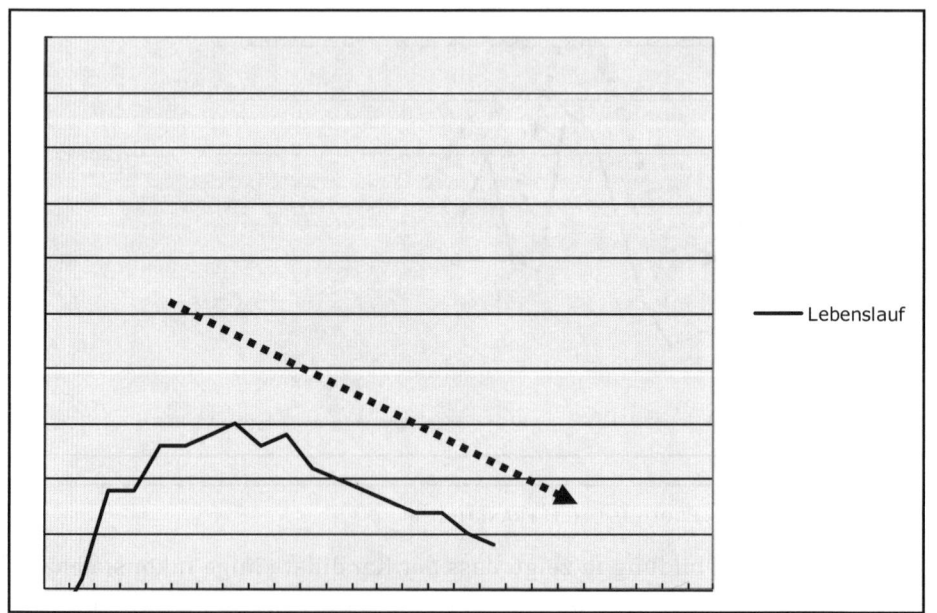

Lebenslauf

QUELLE UND COPYRIGHTS: PROFILES GMBH, FRANKFURT/M.

Das Muster in Abbildung 13 ist das für Sie riskanteste. Es zeigt, dass die Entwicklungsrichtung des Kandidaten ab einem bestimmten Punkt nach unten zeigt. Sie sollten daher jeden dieser Schritte im Berufsleben des Bewerbers sehr genau hinterfragen, um herauszufinden, ob es Hoffnung gibt, dass er die Wende schafft. Je länger die Abwärtsbewegung schon andauert, desto schwieriger wird es natürlich sein, diesen Umschwung zu erreichen.

Ein Lebenslauf ist nicht nur im Hinblick auf das Berufsleben des Bewerbers interessant, sondern auch in Bezug auf die gesamte Person. Sie erfahren zum Beispiel, welche Hobbys der Kandidat hat, inwieweit er sich (gesellschaftlich) engagiert und welche speziellen Fähigkeiten er mitbringt. Das ist wichtig, um festzustellen, wie gut dieser Mensch in Ihr Unternehmen passt.

Zweifellos ist es am besten, wenn Sie den Lebenslauf selbst überprüfen. Trotzdem ist es sinnvoll, das Dokument auch noch einer weiteren Person zur Durchsicht vorzulegen. Manche Informationen im Lebenslauf können zuweilen unterschiedlich interpretiert werden. So kann es Informationen geben, die Sie übersehen oder missverstehen, die aber der Zweitleser erkennt und erklären kann, da er zum Beispiel derselben Altersgruppe wie der Kandidat angehört, einen vergleichbaren Bildungsweg hat, sich in einer vorherigen Branche des Bewerbers besonders auskennt oder einen ähnlichen soziokulturellen Hintergrund hat.

Ein ganz einfaches Beispiel mag den Vorteil, einen Zweitleser einzusetzen, verdeutlichen: In der Generation unserer Eltern war es ein positiv interpretiertes Zeichen, wenn jemand lange Zeit bei dem gleichen Arbeitgeber angestellt war. Heute geht man eher davon aus, dass ambitionierte Kräfte nach nur wenigen Jahren zu einem anderen Unternehmen wechseln, um die nächste Stufe der Karriereleiter zu erklimmen.

Wenn ein sehr junger Manager und eine Führungskraft, die seit drei Jahrzehnten im Geschäft ist, also den gleichen Lebenslauf lesen, kann das sehr förderlich sein, um die richtigen Schlüsse zu ziehen. Auch bei kulturellen Besonderheiten, wenn zum Beispiel ein Mitarbeiter aus dem Ausland eingestellt werden soll, ist ein Zweitleser mit entsprechendem Hintergrund(wissen) Gold wert.

Wenn Sie sich entschieden haben, einen bestimmten Kandidaten aufgrund seines Lebenslaufes in die engere Wahl zu ziehen, dann lesen Sie diesen erneut und notieren Sie sich Fragen für alle Bereiche, bei denen Sie noch Klärungsbedarf haben. Tun Sie das am besten sofort, solange Ihre Analyse noch „frisch" und unabhängig ist - und noch nicht von dem persönlichen Eindruck des Kandidaten beeinflusst.

Wenn Sie die Durchsicht des Lebenslaufs in diesem Sinne beendet und entschieden haben, mit welchen Bewerbern Sie Kontakt aufnehmen wollen, dann wählen Sie als nächsten Schritt eines der im Folgenden genannten Verfahren.

4.8.2. Telefoninterview-Technik

Die logische Vorgehensweise bei Telefoninterviews ist die gleiche wie beim ersten Kontakt mit einem potenziellen Kunden am Telefon, wenn man zum Beispiel auf einer Messe einen Kontakt generiert hat und sich nun an ihn wendet, um ihn als „Lead" oder „Not a lead" einzuordnen und gegebenenfalls ein Verkaufsgespräch zu vereinbaren.

Es ist jedenfalls sehr selten, dass wir Verkaufstermine verabreden, bevor wir mit dem potenziellen Kunden bzw. Käufer telefoniert haben. Wir bauen auf das bereits gezeigte Interesse auf, analysieren die möglichen Bedürfnisse, indem wir Fragen stellen, und schließen dann mit einer Terminvereinbarung. Keine Frage: Sie besuchen potenzielle Kunden nicht, bevor Sie mit Ihnen telefoniert haben - ausgenommen von hier nicht thematisierten Sonderformen wie ambulantem Handel/Direct Sales bzw. Tür-zu-Tür-Verkauf.

Im klassischen Vertrieb jedenfalls folgen Sie diesem Ablaufschema. Die gleiche Logik sollten Sie auch im Interview anwenden. Leider werden an dieser Stelle die meisten Fehler im Auswahlprozess gemacht. Viele Führungskräfte gehen von der Lebenslaufanalyse direkt zum persönlichen Interview, ohne vorher ein Telefoninterview geführt zu haben. Es spielt dabei keine Rolle, ob Sie 20 Kandidaten oder zwei auf Ihrer Liste haben. Wenn Sie das strukturierte Telefoninterview auslassen, verlieren Sie wertvolle Managementzeit für sich selbst, für Ihre Mitarbeiter und auch für die Kandidaten.

Verstehen Sie mich richtig: Ihr Ziel im Telefoninterview ist nicht, darüber zu entscheiden, ob Sie den Bewerber einstellen wollen oder nicht. Es geht dabei vielmehr um die Frage, ob der Kandidat die erforderlichen Ressourcen als Person bzw. das erforderliche Wissen hat, das es sinnvoll macht, ihn zu treffen. Wir gehen darauf gleich noch genauer ein. Es ist wirklich ganz genauso wie bei einem Erstkontakt mit einem potenziellen Kunden, bei dem Sie am Telefon herausfinden, ob daraus ein Prospect wird bzw. ob es sinnvoll ist, Ihre Zeit für einen Termin mit diesem Kunden zu investieren.

Betrachten Sie Telefoninterviews stets als Qualifizierungsinstrument für den Kandidaten!

Wenn Sie zu dem Schluss gekommen sind, dass es sich lohnt, einen Kandidaten persönlich zu treffen, vereinbaren Sie einen Termin. Wenn Sie glauben, der Kandidat sei nicht geeignet für die vakante Position, dann sagen Sie es ihm auf höfliche und professionelle Weise.

Machen Sie sich vor allem klar, dass es in Ihrem ersten Telefonkontakt noch nicht darum geht, etwas zu verkaufen. Es geht lediglich darum, zu überprüfen, ob es sich lohnt, einen Termin für ein persönliches Gespräch zu vereinbaren. Im Telefoninterview analysieren Sie noch nicht seine Motivationen und seine Fähigkeiten, die Arbeit zu tun. An diesem Punkt wollen Sie zunächst einmal Grundsätzliches bestimmen.

Der Ablauf eines Telefoninterviews

Im Vertrieb haben wir meist feste Zeiten, an denen wir unsere (potenziellen) Kunden kontaktieren. Diese Zeiten hängen von unserer Organisation und von der jeweiligen Zielgruppe, der wir unser Produkt verkaufen wollen, ab. Um es plastisch auszudrücken: Bei einem Landwirt werden wir zu anderen Zeiten anrufen als zum Beispiel bei einem Anwalt oder Studenten, weil sie von ihren Tagesroutinen her zu anderen Zeiten „ansprechbar" sind. Das Gleiche sollten wir auch bei unseren Telefonanrufen bei Bewerbern berücksichtigen.

Legen Sie Ihr Telefoninterview also in ein Zeitfenster, das für beide Seiten angenehm ist. Das ist natürlich besonders wichtig bei Kandidaten, die bei einem anderen Unternehmen angestellt sind. So kann ein während der Geschäftszeiten geführtes Telefonat einen Kandidaten schon in Verlegenheit bringen. Darum hat es sich eingebürgert, dem Kandidaten eine E-Mail zu schreiben, in der man ein Datum und eine Zeit für ein kurzes Telefoninterview anbietet – und selbstverständlich heißt das in der Praxis, dass man als Führungskraft darauf vorbereitet ist, Gespräche auch in der Mittagspause oder außerhalb der Geschäftszeiten zu führen, wenn der Kandidat unbeobachtet telefonieren kann.

Doch unabhängig davon, welche Zeit Sie für das Telefoninterview vereinbart haben, wichtig ist: Lassen Sie *ihn* anrufen! So bekommen Sie gleich einen ersten Eindruck davon, wie es um seine Pünktlichkeit/Verlässlichkeit bestellt ist. Außerdem erfahren Sie, wie der Kandidat ein Gespräch beginnt und welche Fragen er möglicherweise stellt. Damit zeigt er gegebenenfalls bereits entscheidende Fähigkeiten, die im Verkauf zählen.

Welche Fragen gehören in ein Telefoninterview?

Wie schon gesagt: Im Telefoninterview geht es darum, herauszufinden, wie es um die Basisfähigkeiten des Bewerbers bestellt ist. Sie müssen herausfinden, ob Sie den Bewerber zu einem persönlichen Gespräch einladen wollen oder nicht. Es geht also um ein paar grundlegende Erfolgsfaktoren („must have"), die Teil Ihres Anforderungsprofils sind.

Beispielsweise kann es für die ausgeschriebene Position erforderlich sein, dass der Bewerber fließend in englischer oder französischer Sprache kommuniziert oder dass er häufig reisen oder mobil sein muss. Dann sind dies entscheidende Faktoren, die Sie im Telefoninterview abfragen müssen.

Am Telefon gehen Sie jetzt genauso vor wie bei einer Verkaufspräsentation. Sie führen das Gespräch, aber Sie selbst sprechen nie mehr als 20 Prozent der Zeit. Sie merken es schon: Wir sind hier wieder bei der 80/20-Regel angekommen. Genauso wie sie für ein gutes Verkaufsgespräch gilt, trifft sie auch auf ein gutes Telefoninterview zu, bei dem Sie 80 Prozent der Zeit zuhören.

Ebenso wie beim Qualifizierungsgespräch eines Kontakts im Verkauf beginnen Sie das Gespräch mit ein paar allgemeinen freundlichen Worten, um eine entspannte Gesprächsatmosphäre zu schaffen. Sorgen Sie mit Ihren einleitenden Worten dafür, dass der Kandidat sich wohlfühlt, und bauen Sie ein Sympathiefeld auf. Das ist sehr wichtig, damit der Kandidat sich öffnet.

Genau wie im Verkaufsprozess sagen Sie ihm dann, worum es geht, wenn Sie mit ihm das Telefoninterview führen. Sie erhalten jetzt jeweils ein Beispiel, wie ein solches Telefoninterview laufen kann.

Eröffnung des Telefoninterviews

▶ BEISPIEL:

„Guten Tag, Herr XY. Wir freuen uns über Ihr Interesse an unserem Unternehmen und bedanken uns schon einmal für Ihre Bewerbung!" (Wenn Sie den Kandidaten über einen Head Hunter gewonnen haben, variieren Sie natürlich entsprechend.) „Schön, dass Sie Zeit für das Gespräch gefunden haben. Ich würde jetzt ganz gern mit Ihnen über ein paar wesentliche Punkte sprechen, die die Position betreffen, sodass wir beide in der Lage sind zu entscheiden, ob es sinnvoll ist, dass wir uns einmal persönlich kennen lernen. Sind Sie damit einverstanden?"

Nachdem Sie die Zustimmung des Kandidaten eingeholt haben, können Sie mit den Interviewfragen beginnen.

Der Inhalt der Fragen hängt natürlich von Ihren jeweiligen kritischen Erfolgs-faktoren ab. Stellen Sie aber auch entsprechende Fragen, wenn es einige Besonder-heiten im Lebenslauf gibt, die Sie gern unmittelbar im Telefoninterview erläutert haben möchten, wie zum Beispiel eine Zeitlücke, Inkonsistenzen, Neuorientierun-gen oder Ähnliches.

Im Unterschied zum klassischen Bewerbungsgespräch empfehle ich beim Tele-foninterview jedoch zunächst einmal geschlossene Fragen zu stellen, denn Ihr Ziel ist ja erst einmal die Qualifizierung des Kontakts. Erst im zweiten Schritt, wenn die Antwort in Ihrem Sinne positiv ausgefallen ist, haken Sie mit offenen Fragen nach, um tiefer in das jeweilige Thema einzutauchen.

Hier einige Beispiele:

▶ BEISPIEL 1:

„In der zu vergebenden Position ist es erforderlich, dass Sie häufig reisen. Ist es Ihnen möglich, 120 bis 150 Tage im Jahr zu reisen?"

Wenn die Antwort „Ja" lautet, qualifizieren Sie weiter:

„Wie viele Tage reisen Sie denn in Ihrer derzeitigen Beschäftigung?"

„Wie verträgt sich Ihr Reisevolumen mit Ihrem Familienleben/Ihren sozialen Kon-takten?"

Derartige Überprüfungsfragen helfen Ihnen, die „Ja"/„Nein"-Antworten zu vali-dieren.

▶ BEISPIEL 2:

„Sind Sie in der Lage, Ihren Wohnort zu wechseln, wenn es während Ihrer Be-schäftigung bei uns erforderlich ist?"

Wenn die Antwort „Ja" lautet, qualifizieren Sie weiter:

„Wie würde sich das auf Ihr Privatleben auswirken?"

▶ BEISPIEL 3:

„In der zu vergebenden Position ist die Kommunikation in englischer/franzö-sischer/russischer Sprache wichtig. Können Sie das leisten?"

Wenn die Antwort positiv ist, sondieren Sie weiter:

„Wie oft bzw. zu welchem Teil haben Sie bei Ihren bisherigen Tätigkeiten in Eng-lisch/Französisch/Spanisch kommuniziert?"

▷ BEISPIEL 4:

„In der Position haben Sie jeden Tag mit Kundenbeschwerden zu tun. Kommen Sie damit klar?"

Wenn die Antwort positiv ist, sondieren Sie weiter:

„Wann hatten Sie das letzte Mal mit einer Kundenbeschwerde oder einem unzufriedenen Kunden zu tun?"

„Wie haben Sie sich in der Situation verhalten?"

„Wie oft hatten Sie im vergangen Jahr mit solchen Situationen zu tun?"

▷ BEISPIEL 5:

„Wir halten in dieser Position keine Kontaktdaten für Sie vor. Ihre Aufgabe wäre es, Ihre Kundendateien komplett selbst zu entwickeln. Ist das für Sie in Ordnung?"

Wenn die Antwort „Ja" lautet, forschen Sie weiter:

„Wie generieren Sie gegenwärtig Ihre Kontakte?"

„Welche Quellen nutzen Sie, und was unternehmen Sie, um Kontakte zu generieren?"

Unabhängig davon, welche Antwort Sie darauf bekommen, bitten Sie um Beispiele von Aktivitäten aus der jüngeren Vergangenheit.

▷ BEISPIEL 6:

„Cross-Selling gehört in dieser Position zu Ihren Aufgaben. Haben Sie bereits Erfahrung damit?"

Wenn die Antwort „Ja" lautet, gehen Sie weiter:

„Bitte geben Sie mir ein Beispiel, wo Sie Cross-Selling praktiziert haben!"

„Wie sind Sie das angegangen?"

„Wie viel Prozent Ihrer Einnahmen stammen aus dem Cross-Selling?"

▷ BEISPIEL 7:

„Unsere Arbeit beruht darauf, dass wir uns auf ein Produkt bzw. eine Dienstleistung spezialisieren. Das ist auch für Ihre Position entscheidend. Können Sie sich vorstellen, Ihre Arbeit so auszurichten?"

Ist die Antwort zustimmend, fragen Sie wieder weiter:

„Auf welches Produkt oder welche Dienstleistung haben Sie sich in den vergangenen Jahren konzentriert?"

„Warum sind Sie für Kunden in Ihrer jetzigen Tätigkeit ein besonderer Ansprechpartner?“

▶ Beispiel 8:

„Neue Kunden zu gewinnen ist ebenso wie Bestandskunden zu entwickeln fester Bestandteil der Position. Ist das für Sie interessant?“

Wenn die Antwort positiv ausfällt, fragen Sie weiter:

„Wie ist das Verhältnis von Neukunden-Akquise zu Bestandskunden bei Ihrer derzeitigen Beschäftigung/bzw. bei Ihrer letzten Anstellung?“

„In welcher Position hatten Sie hauptsächlich mit der Akquise neuer Kunden zu tun?“

„Wie sind Sie an die Sache herangegangen?“

Sie sehen es schon: Es gibt unzählige Fragen, die Sie – in Abhängigkeit von Ihrem Anforderungsprofil – in einem Telefoninterview stellen können. Die vorgestellten Beispiele haben veranschaulicht, wie das Telefoninterview funktioniert.

Sie vereinfachen sich damit das Procedere: Wenn der Kandidat auf eine Frage negativ antwortet, brauchen Sie an dieser Stelle nicht weiter zu bohren. Wie Sie ein Telefoninterview höflich und angemessen beenden, erfahren Sie später.

Doch zuvor noch einige grundlegende Dinge: Unabhängig von den für Ihr Unternehmen bzw. die jeweilige Position entscheidenden Erfolgsfaktoren gibt es noch eine ganze Reihe von Fragen, die immer zu stellen sind. Diese Fragen beziehen sich auf die Erwartungen des Kandidaten. Im Laufe meiner zwanzigjährigen Beratungserfahrung habe ich immer wieder festgestellt, dass viele Probleme am Arbeitsplatz deshalb auftauchen, weil das, was der Kandidat erwartet, nicht mit den tatsächlichen Gegebenheiten des Unternehmens übereinstimmt. Auch hier kann ich nur betonen, wie sehr dieses Thema dem Verkaufsprozess ähnelt. Erfüllen oder übertreffen Sie immer die Erwartungen der Kunden. Erwartungen zu enttäuschen ist sowohl für jeden Kunden als auch für jeden Kandidaten ein nicht wieder gut zu machender Fehler.

Motivationsforschung: Was treibt den Mitarbeiter an?

Um die Erwartungen eines Kandidaten von vornherein zu klären, empfehle ich, in jedem Telefoninterview eine Folge von Fragen zu stellen. Diese beziehen sich auf die Grundmotivationen, die trotz vielfältiger Unterschiede alle Menschen antreibt.

1. *Die inhaltliche Motivation:* Wir interessieren uns für den Inhalt dessen, was wir tun. Was fällt darunter? Zum Beispiel bestimmte Tätigkeiten, Verantwortlichkeiten, eine besondere Verbindung zu einer bestimmten Art von Dienstleistung oder zu einem speziellen Produkt.

2. *Soziale Motivation:* Uns gefällt das Klima und die Umgebung, zum Beispiel die Menschen, für die wir arbeiten, das Unternehmen, die Kollegen, unser Vorgesetzter.

3. *Finanzielle Motivation:* Wichtig ist das Geld, das wir für unsere Arbeit bekommen.

Beschreiben Sie dem Mitarbeiter diese drei Antriebe und sagen Sie ihm dann:

▶ „Jeder einzelne Punkt ist wichtig für jeden, aber wenn ich Sie bitten würde, eine Rangfolge vorzunehmen: Was wäre Ihre Wahl?"

Im ersten Schritt ist es nicht so bedeutend, welche Priorisierung der Befragte vornimmt. Das Wichtigere kommt, wenn Sie jetzt - je nach der von ihm gewählten Priorität - weiter fragen:

Inhaltliche Ausrichtung

▶ „Wie sähe Ihre ideale Arbeit aus?"
▶ „Welche Aspekte Ihrer Tätigkeit gefallen Ihnen am besten?"
▶ „Was würden Sie gern bei Ihrer gegenwärtigen Tätigkeit verändern?"
▶ „Wenn Sie an alle Ihre bisherigen Arbeitsplätze denken, wo waren Sie am erfolgreichsten?"

Das gibt Ihnen einen Einblick in die inhaltlichen Erwartungen des Kandidaten an die Position.

Soziale Motivation

▶ „Wie sähe ein ideales Unternehmen, in dem Sie gern arbeiten würden, aus?"
▶ „Aus Ihrer Erfahrung heraus: Welches Unternehmen, für das Sie gearbeitet haben, hat Ihnen am besten gefallen?"
▶ „Woran liegt es?"
▶ „Was macht Ihrer Auffassung nach eine ideale Führungskraft aus?"
▶ „Haben Sie je mit einer solchen Führungskraft gearbeitet? Was hat diesen Menschen so stark gemacht?"

Wenn Sie mögen, können Sie genauso die negative Seite abfragen, also das, was der Kandidat am wenigsten mochte und warum.

Wenn Sie diese Fragen stellen, bekommen Sie einen Einblick, in welcher Art von Unternehmen der Kandidat gern arbeiten würde und mit welcher Art von Führungskraft bzw. Führungsstil. Sie können danach einschätzen, ob Sie seine Erwartungen erfüllen können oder nicht.

Finanzielle Motivation

▶ „Wie viel würden Sie gern verdienen?"
▶ „Wie viel verdienen Sie zurzeit beziehungsweise wie viel haben Sie in den vergangenen Jahren verdient?"

Diese Fragen geben Ihnen einen Eindruck von seinen finanziellen Erwartungen und wie realistisch diese sind. Wenn er nie mehr als 80.000 Euro im Jahr verdient hat und nun 100.000 Euro erwartet, ist es interessant, weiter zu fragen, was ihn in die Lage versetzen würde, sein Einkommen in dieser Position so deutlich zu steigern.

In verschiedenen Vertriebspositionen, in denen das Einkommen der Verkäufer von der Anzahl der Abschlüsse abhängt, ist das Einkommen auch ein Indikator, wie erfolgreich er in den vergangenen Jahren war.

Das ganze Telefoninterview dauert - in Abhängigkeit von der Zahl der kritischen Faktoren und Fragen - zwischen 15 und 30 Minuten inklusive Aufbau einer Beziehung und dem formalen Abschluss. Ein Telefoninterview kann Ihnen und dem Kandidaten ein womöglich unnötiges persönliches Bewerbungsgespräch ersparen, das immer mindestens 60 Minuten dauert und Reisezeit sowie Kosten für jeweils mindestens einen der Beteiligten mit sich bringt.

Beenden des Telefoninterviews

Das angemessene Beenden eines Telefoninterviews ist sehr wichtig. Wenn Sie während des Gesprächs herausfinden, dass der Kandidat nicht geeignet ist, weil es ihm an entscheidenden Qualifikationen fehlt, müssen Sie das Interview nicht fortsetzen. Sie können den Kandidaten auf freundliche Weise darüber informieren.

▶ „Herr X/Y, es ist offensichtlich, dass Sie sehr kompetent sind. Trotzdem denke ich, dass wir Sie nicht in die engere Auswahl nehmen. Ich habe inzwischen mit einer Reihe von Kandidaten gesprochen, die uns für diese spezielle Position geeigneter erscheinen. Wir wissen nicht, wie sich unser Bedarf möglicherweise in Zukunft ändert, und ich würde darum gern Ihren Lebenslauf für künftige Optionen in unserer Datenbank behalten. Sind Sie damit einverstanden?"

Wenn Sie in diesem Stadium jedoch noch nicht sicher sind, dann können Sie den Kandidaten darüber informieren, was die nächsten Schritte sind und zu welchem Zeitpunkt diese erfolgen. Das könnte sich etwa so anhören:

▶ „Herr XY, vielen Dank für Ihre Zeit. Wir werden eine Reihe von Kandidaten in die engere Auswahl nehmen. Das wird schätzungsweise ... Tage/Wochen dauern. Wir werden Sie, wenn es soweit ist, entweder zu einem Bewerbungsgespräch einladen oder Sie darüber informieren, dass wir Sie für diese spezielle Position nicht berücksichtigen können. Sind Sie damit einverstanden?"

Wenn Sie bereits sicher sind, dass Sie ihn zu einem Gespräch einladen möchten, sagen Sie ihm das natürlich auch:

▶ „Herr XY, vielen Dank für das Gespräch, das mir sehr gut gefallen hat. Wir werden Anfang kommenden Monats in die Phase der persönlichen Bewerbungsgespräche eintreten. Ich kann jetzt schon sagen, dass wir Sie gern dazu einladen möchten. Wären Sie daran interessiert?"

Wenn er bejaht, fahren Sie fort:

▶ „Meine Sekretärin wird Sie dann morgen/in den nächsten Tagen kontaktieren, um mit Ihnen einen Termin abzusprechen."

Ganz gleich, zu welchem der hier genannten Schlüsse Sie kommen – bitte fragen Sie den Bewerber stets, ob er noch Fragen hat, bevor Sie das Gespräch beenden.

Natürlich können Sie Telefoninterviews einem geschulten Mitarbeiter anvertrauen. Ich persönlich rate meinen Kunden, die Telefoninterviews selbst zu führen. Es ist der erste Kontakt des Kandidaten zum Unternehmen, und es ist die Gelegenheit, um einen ersten Eindruck zu bekommen. Wenn Sie unter sehr starkem Zeitdruck stehen, dann kann das Gespräch delegiert werden, aber die Fragetechnik inklusive der Überprüfungsfragen sollte zuvor sorgfältig vorbereitet werden.

Versiert geführte Telefoninterviews können ein sehr effektives Werkzeug im Auswahlprozess sein. Sie sparen sich damit wertvolle Managementzeit – und dem Kandidaten Reisezeit.

Wenn Sie mit einem Personalberater arbeiten, um eine Position zu besetzen, brauchen Sie natürlich keine Telefoninterviews zu führen. Es ist die Aufgabe des Personalberaters, Screening-Interviews zu führen und die entscheidenden Erfolgsfaktoren beim Kandidaten-Check vorab zu prüfen.

Wenn Sie Ihre Kandidaten qualifiziert haben, werden Sie sich auf die Panel- oder Einzelinterviews vorbereiten wollen. Es spielt übrigens für das Ablaufprinzip keine Rolle, ob Sie zuerst das Panel-Interview oder das Einzelgespräch führen wollen. Die Struktur, die zugrunde liegende Logik und das Frageprinzip sind gleich.

Nach der bisherigen Lektüre dieses Buches wird es Sie nicht überraschen, wenn ich Ihnen eine weitere Gemeinsamkeit verrate: Diese Auswahlinstrumente folgen der gleichen Logik wie Verkaufsgespräche. Das heißt an dieser Stelle: Wenn Sie Ihre Kontakte qualifiziert und einen Gesprächstermin vereinbart haben, dann bereiten Sie sich auf die jeweiligen Gespräche vor. Worauf es dabei zu achten gilt, ist Gegenstand der folgenden Abschnitte.

4.8.3. Panel-Interviews

Bevor wir uns mit der Interviewstruktur im Detail befassen, möchte ich noch auf eine alternative Interviewstrategie eingehen, auf Panel-Interviews. Panel-Interviews zeichnen sich dadurch aus, dass der Kandidat von mehreren Interviewern gleichzeitig befragt wird. Im Unterschied zum Einzelinterview (One-on-one Interview) nehmen im Panel-Interview mehrere Vertreter des Unternehmens teil.

Das Gruppeninterview folgt der Theorie, dass „vier Augen mehr sehen als zwei". Man geht dabei davon aus, dass mehrere Personen auch mehr Informationen über den Kandidaten sammeln können als ein Einzelner und dass die Entscheidungsfindung noch fundierter abläuft.

Sie erinnern sich: Ich empfehle stets, Lebensläufe im Teamwork zu lesen. Sie bekommen mehr Informationen, wenn Sie mehr als eine Meinung über den Lebenslauf einbeziehen. Das Gleiche gilt für das persönliche Auswahlgespräch mit dem Bewerber. Wenn Ihre Ressourcen es erlauben, führen Sie Panel-Interviews und erhöhen Sie damit die Wahrscheinlichkeit, nach objektiven Kriterien auszuwählen.

Sehr wichtig für das Vorgehen ist, dass alle Interviewer mit ähnlichen Interviewkompetenzen ausgestattet sind und dass die Aufgaben jedes Interviewers zuvor sehr sorgfältig geplant werden. Ein nicht sorgfältig vorbereitetes Panel-Interview kann den gesamten Auswahlprozess zunichtemachen. Ich empfehle, nicht mehr als zwei Interviewer einzusetzen. Wenn Sie mehr Interviewer teilnehmen lassen, wird es sehr kompliziert, das Auswahlgespräch zu planen und zu strukturieren. Außerdem wird es sehr schwer für den Kandidaten, in der ihm zur Verfügung stehenden Zeit eine Beziehung mit allen Interviewern aufzubauen.

Auf Unternehmensseite unterschiedliche Auffassungen über den Kandidaten zu haben, ist sehr wertvoll. Ich empfehle, durchaus auch Informationen von Seiten der Kollegen zu sammeln und sie aufzufordern, ihrerseits den Kandidaten zu sprechen, aber dann auf einer Eins-zu-eins- oder Zwei-zu-eins-Basis.

Auf jeden Fall sollte der Kandidat die Gelegenheit erhalten, seine zukünftigen Kollegen zu treffen und mit ihnen über die Position zu sprechen. Diese Strategie hat zwei Auswirkungen:

▶ Sie geben dem Kandidaten die Möglichkeit, mehr über die Position zu erfahren, und zwar direkt von den Mitarbeitern, die in dieser Position arbeiten. Ich empfehle den Kandidaten auch Fragen zu stellen wie: „Was ist die größte Herausforderung in dieser Position?" Er sollte von den Schwierigkeiten von den Menschen erfahren, die diese Herausforderungen Tag für Tag erleben. Die Bedeutung und Glaubwürdigkeit der Information ist eine ganz andere, als wenn das Management oder der Personalverantwortliche diese mitteilen würde. Es ist ein gutes Zeichen, wenn der Kandidat trotz der mit der Position verbundenen Schwierigkeiten diese Stelle übernehmen möchte. Wenn er in diesem Stadium von den Schattenseiten erfährt und sich immer noch dafür entscheidet, werden zukünftig weniger Enttäuschungen und Abweichungen in Hinblick auf seine Erwartungen eintreten.

▶ Ihr gegenwärtiges Team wird einschätzen können, wer in die zu besetzende Position passt. Bringen Sie den Kandidaten insbesondere in Kontakt mit Ihren besten Mitarbeitern und holen Sie deren Meinung ein. Ihre Mitarbeiter sehen mit Sicherheit einige Aspekte, die Sie nicht wahrnehmen, und sie sollten ein gutes Gefühl bei dem neuen Mitarbeiter haben.

Es gibt ein türkisches Sprichwort, das die Vorteile dieser Meinungsvielfalt treffend veranschaulicht:

„Was kann schon eine Hand allein? Erst mit zwei Händen kann man klatschen."

Wenn Sie den passenden Kandidaten gefunden haben, präsentieren Sie ihm Ihr Angebot. Auch dies erfolgt in Analogie zum Verkaufsgespräch. Im Verkaufsgespräch mit einem Kunden würden wir dem Kunden an dieser Stelle unsere Lösung präsentieren - nachdem wir zuvor eine auf seine Situation zugeschnittene Bedarfsanalyse durchgeführt haben. Im Fall des Kandidaten-Interviews schlagen wir ihm unser Angebot vor - nachdem wir analysiert haben, wie der Kandidat zu der Position passt („Job Match"-Analyse).

Im folgenden Abschnitt werden wir uns mit Interviewtechniken beschäftigen. Dabei macht es keinen Unterschied, ob es sich um ein Einzel- oder ein Panelinterview handelt.

5. Das erfolgreiche Auswahlgespräch in sechs Schritten

Es gibt zahllose Bücher und Trainings, die sich mit Interviewtechniken befassen. Vermutlich haben Sie auch schon einige gelesen oder entsprechende Situationen in Trainings simuliert. Meiner Auffassung nach bleiben viele dieser Angebote jedoch viel zu unspezifisch; das Thema Vertriebsmitarbeiter als solches kommt dabei bestenfalls am Rande vor.

Der Fokus dieses Buches jedoch liegt darauf, wie man einen Vertriebsprofi auswählt und einstellt. Da die Personalfluktuation höher ist als in anderen Berufsgruppen und die Auswirkungen instabiler oder fehlender Verkaufsleistung und Profitabilität erheblich sind, ist es nur folgerichtig, dass es eine der wichtigsten Managementaufgaben ist, das passende Verkaufsteam einzustellen. Zu dieser Aufgabe gehört es, im Auswahlgespräch möglichst effektive, verkaufsspezifische Fragen zu stellen.

Letztendlich ist das Führen von Interviews mit Bewerbern nichts anders als eine erfolgreiche Verkaufspräsentation. Wenn eine Führungskraft effektiv verkaufen kann, wird sie auch sehr effektiv darin sein, Auswahlgespräche mit Kandidaten zu führen - spätestens von dem Zeitpunkt an, an dem sie verinnerlicht hat, wie ähnlich die Grundsätze sind. Also, denken Sie daran:

Ein effektives Auswahlgespräch zu führen beruht auf den gleichen Grundsätzen wie eine effektive Verkaufspräsentation.

Betrachten wir das Thema nun Schritt für Schritt. Es gibt sechs wichtige Schritte, um erfolgreich zu verkaufen, und diese Schritte sind auch im Auswahlgespräch entscheidend:

5.1. Erster Schritt: Eine Beziehung aufbauen

Nicht umsonst heißt ein deutsches Sprichwort: „Wie man in den Wald hineinruft, so schallt es zurück." So ist es auch: Wie Sie sich anderen Menschen gegenüber verhalten, hat direkten Einfluss darauf, wie diese auf Sie oder auf Ihr Unternehmen reagieren. Jemanden zu einer positiven Reaktion zu veranlassen, hat sehr viele positive Wirkungen, unter anderem jene, die besten Kandidaten anzuziehen. Das wiederum macht es Ihnen leichter, Ihre Arbeit zu erledigen.

Genau wie im Verkaufsgespräch ist es entscheidend, eine positive Beziehung zum Kandidaten aufzubauen, um die nächsten Schritte des Interviews anzugehen und den Gesprächspartner für sich zu öffnen.

Zeigen Sie Ihre Wertschätzung!

Wenn uns jemand das Gefühl vermittelt, dass wir wertgeschätzt werden, dann antworten wir ihm gegenüber ebenfalls auf eine positive Weise. Wir kooperieren mit ihm - und tendieren dazu, ihm zu vertrauen. Umgekehrt funktioniert das auch. Wenn jemand etwas sagt oder tut, was unser Selbstwertgefühl verletzt oder schwächt, dann gehen wir in die Defensive, werden ihm gegenüber vielleicht sogar feindlich eingestellt und reagieren negativ. Es ist nicht unser Ziel, solch eine Reaktion in einem Auswahlgespräch zu erzeugen. Behalten Sie bitte immer im Sinn, dass jeder Kandidat, den Sie zum Gespräch bitten, eines Tages ein potenzieller Kunde sein könnte oder auf jeden Fall jemand ist, der nach dem Gespräch in seinem Umfeld positive oder negative Botschaften über Ihr Unternehmen streut.

Es ist entscheidend, diesen Kontakt aufzubauen und eine positive Atmosphäre mit jedem Kandidaten zu schaffen - nicht nur, um während des Gesprächs an valide Informationen über den Bewerber zu gelangen, sondern auch für das Image Ihres Unternehmens.

Wie können Sie erreichen, dass sich jemand wertgeschätzt fühlt? Es ist fast schon zu einfach: Behandeln Sie andere Menschen so, wie Sie selbst gern behandelt werden möchten! Tun Sie insbesondere Folgendes:

▶ Lächeln Sie, seien Sie freundlich und sprechen Sie Ihr Gegenüber mit dessen Namen an.
▶ Interessieren Sie sich für die Situation Ihres Gesprächspartners.
▶ Konzentrieren Sie sich auf die Fakten, und vermeiden Sie persönliche Kommentare oder Interpretationen.
▶ Halten Sie weichen Augenkontakt - ohne Ihr Gegenüber anzustarren.

Vor allem aber: Seien Sie aufrichtig. Aufrichtigkeit ist die Voraussetzung dafür, dass Ihre Handlungen oder Äußerungen nicht als herablassend oder manipulativ empfunden werden.

Ist der Kontakt aufgebaut, so können Sie den nächsten Schritt angehen.

5.2. Zweiter Schritt: Glaubwürdig sein

Sie haben nun einen Kontakt zu dem Kandidaten hergestellt. Bevor Sie jedoch durch Fragen herausfinden können, wie gut der Kandidat zu der ausgeschriebenen Stelle passt, ist es notwendig, ihm gegenüber Glaubwürdigkeit zu vermitteln. Glaubwürdigkeit ist der Boden, auf dem Vertrauen wächst. Versäumen Sie es, diese Glaubwürdigkeit herzustellen, wird er sich Ihnen gegenüber nicht öffnen. Folglich erhalten Sie nicht die Informationen, die Sie brauchen. Möglicherweise führt es dazu, dass er Ihr Angebot – wenn es denn überhaupt dazu kommt – nicht annehmen wird. Legen Sie daher Ihre Konzentration von Beginn an auf diesen Schritt.

Im Vertrieb bauen wir Glaubwürdigkeit dadurch auf, dass wir uns gegenüber dem Kunden als kompetent zeigen, Referenzen nennen und konkrete Fakten und Zahlen vermitteln. Im Interview läuft es ganz ähnlich. Sie präsentieren sich kompetent und nennen als Referenzen positives Feedback von Mitarbeitern, die auf der entsprechenden Position arbeiten oder dieses früher einmal getan haben.

Zeigen Sie Empathie!

Darüber hinaus tun Sie das, was gute Vertriebsmitarbeiter auszeichnet: Sie zeigen Empathie. Was ist damit genau gemeint? Empathie an sich bedeutet, dass Sie sich in Ihr Gegenüber hineinversetzen können, dass Sie zumindest weitgehend verstehen, wie der andere Mensch fühlt. Es gibt Menschen, die das von Natur aus tun; andere können es üben und lernen. Die wichtigste Regel, um Empathie zu lernen lautet:

Hören Sie zu!

Das klingt banal, ist aber alles andere als das. Ein effektiver Interviewer nutzt 80 Prozent der Zeit, um zuzuhören, und nur 20 Prozent der Zeit, um selbst zu sprechen – genau das Verhältnis, das wir für eine effektive Verkaufspräsentation veranschlagen. Versierte Vertriebsmitarbeiter wissen: Der Erfolg im Umgang mit Kunden hängt wesentlich davon ab, wie weit es gelingt, die Erwartungen des Kunden mit denen des Verkäufers in Gleichklang zu bringen. So ist es auch beim Auswahlgespräch. Sie wissen bereits, was Sie selbst wollen. Wenn Sie gut zuhören, können Sie erfahren, was Ihr Gegenüber erreichen will. Wenn Sie seine Absichten und Ziele kennen, können Sie einschätzen, ob und inwieweit Sie diese erfüllen können.

Empathie hat noch eine weitere Komponente, diese lässt sich mit folgendem Imperativ umschreiben:

Zeigen Sie Verständnis!

Wenn Sie Verständnis bis hin zu einer gewissen Fürsorglichkeit zeigen, so ist das eine weitere Voraussetzung dafür, dass Ihr Gegenüber Ihnen vertrauen kann und gern mit Ihnen zusammenarbeitet. Lassen Sie die Menschen spüren, dass Sie die Situation, in der sie sich befinden, verstehen. Das bedeutet nicht, dass Sie mit den Entscheidungen des Anderen übereinstimmen müssen.

Es geht vordringlich darum, dass Sie ein Gespür bzw. Fingerspitzengefühl dafür entwickeln. Es nützt wenig, Engagement vorzutäuschen, um an Informationen zu kommen, denn auf einer bewussten oder unbewussten Ebene würde Ihr Gegenüber die Diskrepanz bzw. Unaufrichtigkeit spüren.

Verständnis zu zeigen ist, wie vieles andere auch, zu einem erheblichen Grad Übungssache. Verständnis zu zeigen bedeutet zum Beispiel, zusammenzufassen, was Sie verstanden haben, und den Kandidaten bestätigen zu lassen, dass Sie ihn richtig verstanden haben.

Nachdem Sie auf diese Weise Kontakt und Glaubwürdigkeit zum Kandidaten aufgebaut haben, können Sie den nächsten Schritt tun. Vernachlässigen Sie diese Vorbereitung nie, denn sonst wird das Interview nicht effektiv laufen oder, wenn Sie - wie beim Verkaufsgespräch - eine Zusage erreichen wollen, wird es mit hoher Wahrscheinlichkeit nicht gelingen.

Nach dem Aufbau des Kontakts zum Kandidaten und dem Vermitteln von Glaubwürdigkeit kommen wir zum nächsten Schritt:

5.3. Dritter Schritt: Bedarfsanalyse/Kandidatenanalyse

Im Verkaufsprozess ist es extrem wichtig, die Probleme oder Ziele des Kunden zu verstehen. Nur dann können Sie ihm die Lösungen oder Verbesserungen anbieten, die ihn zufrieden stellen. Was bedeutet dies auf das persönliche Interview übertragen? Es bedeutet, einschätzen zu können, was der Kandidat bis zu diesem Zeitpunkt getan hat, welches sein „Kapital" ist, das er in die Position einbringt, und welche Ziele er hat. Ihr Ziel wiederum muss es sein, dass Sie, darauf aufbauend, sagen können,

▶ ob seine in der Vergangenheit gezeigten Leistungen positive Leistungen in der Zukunft erwarten lassen und

▶ ob seine Erwartungen hinsichtlich des Inhalts der Arbeit, des Umfelds und der finanziellen Ausstattung mit Ihrem Arbeitsangebot zusammenpassen.

Sie müssen also eine ganze Reihe von Fragen stellen. Die am häufigsten genutzte Fragetechnik ist die chronologische. Ich nenne diese Fragetechnik immer die des faulen Interviewers. Sie hören dabei nämlich immer genau das, was Sie auch auf dem Papier mitlesen können. Ich sage nicht, dass Sie den Lebenslauf nicht im Auswahlgespräch benutzen sollten. Sie sollten ihn nutzen, aber nur, um kritische Aspekte abzufragen, wie zum Beispiel Lücken im Lebenslauf.

Das halbstrukturierte Interview

Die effektivste Technik für das Auswahlgespräch ist das halbstrukturierte Interview. Es setzt voraus, dass Sie zuvor einen guten Teil der Fragen vorbereitet haben. Folgende Maßstäbe sind bei der Wahl der Fragen anzusetzen:

▶ Ihre Fragen sollten auf das „Anforderungsprofil" aufsetzen – also mithin auf die Eigenschaften und Fähigkeiten, die für die Position gebraucht werden. Diese Fragen sollten Sie allen Kandidaten stellen. Sie wählen die Fragen aus und gleichen Sie mit dem „Anforderungsprofil" ab. Bei diesem Vorgehen sollte dem Kandidaten der Zweck jeder Frage und sein Beitrag zum Interviewprozess ebenso wie zu der vakanten Position vermittelt werden. Diese stringente Vorgehensweise hat einen großartigen Nebeneffekt. Sie führt dazu, dass der Fragende keine irrelevanten Fragen stellt, sondern ausschließlich positionsbezogene Informationen abruft.

▶ Die Fragen werden direkt mit den kritischen bzw. unverzichtbaren Erfolgsfaktoren, wie sie im „Anforderungsprofil" aufgeführt sind, geplant. Auch diese Fragen werden allen Kandidaten gestellt. Das bedeutet jetzt nicht, dass Sie keinerlei Flexibilität hätten, den Kandidaten zu bitten, mehr Erfahrungen oder Details zu nennen. Es bedeutet lediglich, dass Sie jedem Kandidaten dieselben Anfangsfragen stellen. Die Nachfragen oder Überprüfungsfragen wiederum variieren von Kandidat zu Kandidat.

▶ Die zweite Ressource neben dem „Anforderungsprofil" ist der Lebenslauf. Wenn es dort für Sie Unklarheiten oder Abschnitte mit Erklärungsbedarf gibt, dann stellen Sie auch einige Fragen zum Lebenslauf, die Sie zuvor vorbereitet haben.

▶ Eine weitere wertvolle Quelle für ein Interview, die Sie ebenfalls bereits kennengelernt haben, sind die Ergebnisse eines Profiling- bzw. Eignungsdiagnostik-Verfahrens. Je nach Ihrem Bedarf und dem Profil des Kandidaten sollten Sie dazu jeweils individuelle Fragen vorbereiten. Diese Ergebnisse erlauben es Ihnen, Unausgewogenes bzw. mögliche Verwerfungen in Bezug auf Fähigkeiten, Motivationen und Verhaltensmerkmale genauer zu betrachten. Gute Verfahren bieten Ihnen heute in aller Regel Berichte mit Interviewfragen, die sich auf das, was jeweils unausgewogen oder störend erscheint, beziehen.

Das ideale Interview ist stets strukturiert und beruht auf zwei unterschiedlichen Frage-Sets:

▶ Leistungsorientierte Fragen, um die bisherige Leistung des Kandidaten einzuschätzen und darauf aufbauend seine zukünftigen Leistungen in Ihrem Unternehmen vorhersagen zu können. Diese Fragen basieren immer auf der Gegenüberstellung „Anforderungsprofil" versus „Kandidatenprofil". Die sich hieraus ergebenden Fragen sollten jedem Kandidaten gestellt werden.

▶ Auf Kriterien basierende Fragen, die sich auf unklare Umstände oder Vorgänge im Lebenslauf beziehungsweise auf entsprechende Ergebnisse aus einem Online-Profiling richten. Diese Fragen sind spezifisch und variieren von Kandidat zu Kandidat.

Damit Sie Ihr effektives Auswahlgespräch führen können, sollten Sie beide Fragen-Sets für jeden Kandidaten vor dem Interview vorbereiten.

Jetzt wissen Sie schon einmal, was Sie fragen wollen. Entscheidend ist, dass Sie nun auch erfahren, wie Sie fragen müssen.

5.3.1. Effektive Befragungstechniken

Wie sagt man immer so schön: Richtig fragen ist eine Kunst und Wissenschaft zugleich. Häufig wird sie unterschätzt. Diese Fertigkeit zu beherrschen, ist jedoch Basis für jede effektive Kommunikation. Dabei spielt es keine Rolle, ob Sie eine Verkaufspräsentation halten, eine Auswahlgespräch führen, ein Coaching leiten oder als Führungskraft mit Ihren Mitarbeitern kommunizieren. Durch richtiges Fragen vermehren Sie Ihr Wissen. Allerdings müssen Sie dafür eben die Kunst beherrschen, wirklich gute Fragen zu stellen. Denn: Die Antworten, die Sie bekommen, werden stets nur so gut sein, wie die Fragen, die Sie zuvor gestellt haben.

Wie können Sie erreichen, dass das Gespräch mit Ihren Kandidaten so effektiv verläuft wie nur möglich? Die Antwort ist klar: Stellen Sie die richtigen Fragen! Ich habe schon gesagt, dass es eine Kunst, wenn nicht sogar eine Wissenschaft ist, die richtigen Fragen zu stellen. Unterschätzen Sie das nicht! In der praktischen Arbeit stelle immer wieder fest, dass es bei etlichen Führungskräften diesbezüglich erheblichen Nachholbedarf gibt. Die gute Nachricht ist aber, dass sich diese Techniken rasch erlernen lassen.

Gehen wir darum die gängigsten und nützlichsten Fragetechniken durch, die Sie in einer Interviewsituation verwenden können.

Geschlossene oder direkte Fragen

Mit geschlossenen oder direkten Fragen erwirken Sie präzise Antworten, die oft nur aus zwei oder drei Worten bestehen. Sie dienen dazu, Fakten abzuprüfen, nicht jedoch Haltungen oder Meinungen. Entsprechend einfach sind die Fragen zu messen, zu quantifizieren und statistisch zu verarbeiten.

Nebenbei ist die geschlossene oder direkte Frage auch ein strategisches Instrument, denn Sie erleichtert es dem Interviewer, die Kontrolle über die Situation zu behalten. Anders als bei offenen Fragen, in denen der Kandidat lang - und im ungünstigen Fall auch ausschweifend - antworten kann, geht es hier nur um eine kurze und ehrliche Antwort.

▶ BEISPIELE FÜR GESCHLOSSENE ODER DIREKTE FRAGEN:
- ▶ Wie hoch war Ihre Abschlussrate in den vergangenen zwei Quartalen?
- ▶ Wie viele Neuakquisitionen haben Sie im vergangenen Monat unternommen?

Offene Fragen

Offene Fragen, also Fragen, die nicht mit „Ja", „Nein" oder drei kurzen Worten beantwortet werden können, ermöglichen es Ihnen, eine ausführlichere Antwort von Ihrem Kandidaten zu bekommen. Sie erhalten auf diese Weise detailliertere Informationen über den Bewerber.

Offene Fragen ermöglichen dem geschulten Interviewer, unter die Oberfläche dessen zu dringen, was der Bewerber zeigen möchte. Nehmen Sie darum zugleich wahr, was in den Antworten unter der Oberfläche mitschwingt, und beobachten Sie auch die Körpersprache des Bewerbers, um zu erspüren, an welchen Stellen es angezeigt ist, mit weiteren Fragen ins Detail zu gehen.

▶ BEISPIELE FÜR OFFENE FRAGEN:
- ▶ Nennen Sie mir Ihre größten beruflichen Stärken!
- ▶ Wie würden Sie Ihre Verkaufsphilosophie beschreiben? Wie wenden Sie diese praktisch an?
- ▶ Wie sieht Ihr ideales Arbeitsumfeld aus?
- ▶ Wenn Sie einen Teil Ihres bisherigen Berufslebens ändern könnten, welcher wäre das und warum?

Fragen, die sich auf frühere Leistungen beziehen

Leistungs- oder verhaltensspezifische Fragen, die sich auf früher gezeigte Leistungen beziehen, beruhen auf der Annahme, dass in der Vergangenheit erbrachte Leistungen sich recht genau auf die in der Zukunft zu erwartenden Leistungen übertragen lassen. In aller Regel wird ein Mensch seine Aufgaben auf seiner neuen Arbeitsstelle genauso gut oder schlecht ausfüllen, wie er das in der Vergangenheit bei bisherigen Arbeitgebern getan hat - immer vorausgesetzt, dass es keine größeren Veränderungen bei dem Menschen, im Arbeitsumfeld oder in Bezug auf die Ressourcen gibt.

Um diese Fragen zu stellen, müssen Sie die bisherigen Leistungen des Bewerbers verstehen. Leistungs- oder verhaltensorientierte Fragen sind stets offen gestellt, denn es geht ja gerade darum, bestimmte Details aus früheren Verhaltensweisen zu erfahren.

▣ Beispiele für Fragen, die sich auf frühere Leistungen beziehen:

- ▶ „Erzählen Sie mir, wie es war, als Sie ...“
- ▶ „Welche Erfahrungen haben Sie gemacht, als Sie ...“
- ▶ „Geben Sie mir ein Beispiel für eine Situation, in der Sie ...“

Verhaltensorientierte Fragen, die sich auf die Vergangenheit beziehen, werden zwar - genauso wie offene Fragen - am Ende offen gestellt. Sie unterscheiden sich gleichwohl von klassischen offenen Fragen. Der Unterschied wird deutlich, wenn Sie zum Beispiel Verhalten abfragen.

Sie sagen nicht, wie bei klassischen offenen Fragen:

- ▶ „Wie gehen Sie mit einem wütenden Kunden um?“

Sie sagen bei verhaltensorientierten Fragen stattdessen:

- ▶ „Wir haben alle zuweilen mit Kunden zu tun, die ungehalten oder sogar aggressiv sind. Erzählen Sie mir einmal die schlimmste Situation, mit der Sie diesbezüglich klarkommen mussten.“

Wie Sie sicher bereits bemerkt haben, ist bei diesem Fragentyp der Übergang zwischen Aufforderung und Frage oft fließend. Es hängt nicht zuletzt von Ihrer Vorliebe ab, ob Sie die gewünschte Information als Frage oder Aufforderung einholen wollen.

Suggestivfragen

Wenn Sie Suggestivfragen stellen, dient das meistens dazu, dem Kandidaten eine Antwort subtil nahezulegen. Manchmal geht es darum, eine Zustimmung oder Ablehnung des Kandidaten herbeizuführen. Zuweilen ist es auch eine Möglichkeit, um Informationen zu vermitteln und zugleich die Reaktionen des Kandidaten einzuordnen.

▶▶ Beispiele für Suggestivfragen:

- ▶ „Was haben Sie getan, um Ihre Verkaufsleistung in den Bereichen zu verbessern, wo Sie am schwächsten waren?"
- ▶ „Bei uns ist es nötig, ein Wochenende im Monat zu arbeiten. Wie stehen Sie dazu?"
- ▶ „Das Unternehmen, in dem Sie zuvor gearbeitet hatten, war zeitweise in einer finanziellen Schräglage. Wie, glauben Sie, ist es dazu gekommen?"
- ▶ „Wenn Sie bestimmen könnten, welcher Kandidat für die vakante Position einzustellen wäre, warum würden Sie dann sich einstellen?"

Überprüfungsfragen

Überprüfungsfragen – teilweise werden sie auch „bohrende Fragen" oder Folgefragen genannt – sind sehr nützlich, um Erklärungsbedürftiges, Besonderheiten, Stärken und Schwächen deutlich zu machen. Richtig benutzt gehören sie zu den kraftvollsten Fragetypen. Sie helfen uns, an Informationen zu kommen, die der Bewerber vielleicht zu verbergen versucht oder nicht so offen und ehrlich mitteilt, wie wir das wünschen.

Überprüfungsfragen werden gewöhnlich gestellt, um zusätzliche Informationen zu bekommen oder etwas zu klären, was der Bewerber gesagt hat – oder in manchen Fällen eben gerade nicht gesagt hat. Überprüfungsfragen haben sogar noch eine weitere Funktion: Mit ihrer Hilfe können wir das Interview in eine andere Richtung lenken und fokussieren, wenn der Kandidat zum Beispiel ausschweifend oder am Thema vorbei antwortet.

▶▶ Beispiele für Überprüfungsfragen:

- ▶ „Welche Bedeutung hat diese Regelung/Einschränkung/Tatsache etc. für Sie und warum?"
- ▶ „Was hat Ihre Entscheidung, Ihre bisherige Position aufzugeben, noch beeinflusst?"

- ▸ „Was denken Sie nach Ihren bisherigen Eindrücken über die Position?"
- ▸ „Wie haben Sie diese Situation gelöst?"

Vergleichs- oder Gegensatzfragen

Mit Vergleichs- oder Gegensatzfragen können wir Kandidaten dazu veranlassen, uns mehr über ihre Einstellungen, Leistungen und Überzeugungen mitzuteilen. Sie sind effektiv, um tiefer gehende Verhaltensbeispiele und Einstellungen in unterschiedlichen Situationen zu erfassen.

Die Technik ist effektiv, denn sie erfordert, dass der Bewerber nachdenkt, überlegt und Informationen abwägt, statt nur gefestigte Informationen weiter zu geben.

▐▶ BEISPIELE FÜR VERGLEICHSFRAGEN:
- ▸ „Vergleichen Sie Ihren bisherigen Arbeitsplatz mit dieser Position: Was sind die Ähnlichkeiten? Was sind die Unterschiede? Welche Ihrer Kompetenzen können Sie in der neuen Position nutzen? Welche Fähigkeiten werden Sie Ihrer Meinung nach weiter entwickeln müssen?"
- ▸ „Vergleichen Sie eine Zeit, in der Sie die Leistungsziele erreicht haben, mit einer Zeit, in der Ihnen das nicht gelungen ist. Was waren die Unterschiede? Was waren die Gründe?"
- ▸ „Denken Sie an eine Zeit, in der Sie hochmotiviert waren, ein Ziel zu erreichen, und an eine Zeit, in der Sie überhaupt nicht motiviert waren. Was ließ Sie jeweils so fühlen, wie Sie es taten?"

Hypothetische Fragen

Diese Fragetechnik hat Anhänger und Kritiker. Tatsache ist, dass in den meisten Auswahlgesprächen mindestens eine hypothetische Frage gestellt wird. Sie hat meistens die Form „Was wäre, wenn …?" und beschreibt ein Szenario für den Bewerber, das realistisch oder unrealistisch sein kann.

Der Sinn hypothetischer Fragen kann ein doppelter sein. Erstens bringt es den Kandidaten in eine Situation, der er wahrscheinlich in seiner Arbeit begegnen würde, und sie vermittelt dem Interviewer ein Gefühl dafür, wie der Bewerber die Situation bewältigen würde. Zweitens kann dieser Fragentyp genutzt werden, um zu testen, ob der Kandidat schnell und problemlos eine Antwort verfassen und vermitteln kann.

Kritiker der hypothetischen Fragen bemängeln, dass aus hypothetischen Aussagen keine nützlichen Informationen gewonnen werden können. Der Kandidat kann theoretisch eine Antwort geben, die der Interviewer gern hören möchte, und es dabei belassen.

Sinnvoll ist es, im Anschluss an eine hypothetische Frage gleich eine Überprüfungsfrage zu stellen, die sich auf die Antwort des Bewerbers bezieht. Wenn Sie zum Beispiel fragen: „Was würden Sie tun, wenn ein Kunde anruft, um eine große Bestellung zu stornieren?", dann würden Sie den Kandidaten erklären lassen, wie er in dieser Situation reagieren würde. Wenn er fertig geantwortet hat, können Sie mit einer Überprüfungsfrage nachhaken. Etwa so: „Geben Sie mir eine Beispiel aus Ihrer bisherigen Tätigkeit, wo Sie das gemacht haben." Durch die Anschlussfrage können Sie aus der hypothetischen Frage mehr Informationen über den Kandidaten gewinnen.

▶ BEISPIELE FÜR HYPOTHETISCHE FRAGEN:

- ▶ „Was tun Sie, wenn sich ein unzufriedener Kunde bei Ihnen meldet?"
- ▶ „Was würden Sie unternehmen, wenn es Monatsende ist und Sie Ihr Verkaufsziel noch nicht erreicht haben?"
- ▶ „Wie können Sie sich einem ehemaligen Kunden annähern, um mit ihm wieder ins Geschäft zu kommen?"
- ▶ „Was würden Sie einem Kollegen sagen, der sich über den Vertriebsleiter beklagt?"

Wir sind bereits darauf eingegangen, dass die effektivste Interviewmethode das strukturierte Interview ist, basierend auf Anforderungsprofil, Lebenslauf und gegebenenfalls den Ergebnissen des Online-Profiling. Wir haben uns weiterhin mit grundsätzlichen Techniken des Fragestellens befasst, die es uns ermöglichen, die gewünschten Informationen zu erhalten.

Nun geht es um spezielle Fragen zu bestimmten Aufgaben oder für ausgewählte Zielgruppen.

5.3.2. Fragen für Verkaufsprofis

Mit den folgenden Fragebeispielen lassen sich verkaufsspezifische Fähigkeiten ermitteln. Die Fragen sind überwiegend leistungsbezogen, um aus früheren Leistungen zukünftige vorherzusagen und die jeweilige Methodenkompetenz zu überprüfen.

▶ „Was wissen Sie über unsere Produkte/unseren Service?"

Diese Frage können Sie getrost nach der üblichen Eröffnung stellen, um das Engagement zu testen, denn nur ein inkompetenter Verkäufer würde sich ohne ausgeprägte Produktkenntnisse für eine Verkaufsposition bewerben. Wenn Sie jemanden aus der gleichen Branche befragen, dann dient die Frage dazu, sein Marktverständnis darüber abzufragen, wie Ihr Produkt/Ihre Dienstleistung dort positioniert ist.

▶ „Welche Schritte sind Ihrer Auffassung nach erforderlich, um unser Produkt/unsere Dienstleistung zu verkaufen?"

Die Antwort gibt Ihnen Hinweise auf das verkäuferische Handwerkszeug des Kandidaten.

▶ „Welche Methoden nutzen Sie, um sich neue Kontakte/Marktchancen zu erarbeiten?"

Die Antwort vermittelt Ihnen Informationen über seine Akquisestrategien und Sie erfahren, ob diese in Ihre Umgebung passen.

▶ „Wie viele Kontakte/Termine machen Sie in der Woche?"

Die Antwort darauf gibt Ihnen eine Einsicht über das Aktivitätslevel, an das er gewohnt ist, und wieder können Sie für sich abwägen, ob dieses Ihre Erwartungen trifft oder nicht. Die Antwort ist zugleich ein Fixpunkt für die nächste Frage.

▶ „Wie viele dieser Termine führen zu einem Abschluss?

Diese Antwort informiert Sie über seine Fähigkeiten, zum Abschluss zu kommen. Sie dient zugleich als Grundlage für die nächste Frage.

▶ „Wie hoch war Ihr Umsatz/Ihre Stückzahl in den vergangenen ein bis drei Jahren?"

Diese Frage verifiziert die Informationen, die Sie aus den obigen Fragen gewonnen haben. So sehen Sie gleich, ob die Angaben realistisch sind und wie erfolgreich er bisher als Verkäufer war.

▶ „Welche Position im internen Ranking Ihres Unternehmens haben Sie mit dieser Produktion?"

Damit überprüfen Sie die Richtigkeit der Antwort auf die vorhergehende Frage.

▶ „Wie lange dauert es gewöhnlich von Ihrem ersten Kontakt bis zum Abschluss?"

Die Antwort auf diese Frage gibt Ihnen Aufschluss darüber, ob der Verkaufszyklus ähnlich ist wie der Ihre, wenn der Kandidat aus einer anderen Branche kommt.

Sie gibt Ihnen Informationen über seine Fähigkeit, zum Abschluss zu kommen, wenn er aus Ihrer Branche kommt. Sie können dann einschätzen, ob er länger braucht als bei Ihnen üblich oder nicht.

▶ „Wie groß muss Ihre Kundendatei sein, um Ihren Verkaufserfolg auf einem gleichmäßigen Stand zu halten?"

Diese Frage dient dazu, das Maß seiner Martkdurchdringung (Market Penetration) zu verstehen und festzustellen, ob er stetig für einen „Nachschub" an potenziellen Auftraggebern sorgt.

▶ „Wie ist bei Ihnen das Verhältnis von neuen Kunden zu Bestandskunden?"

Hier erhalten Sie Informationen darüber, ob der Kandidat hauptsächlich von Bestandskunden lebt oder ob er auch neue Kunden aufbaut. Wenn die Antwort ergibt, dass er neue Kunden anspricht, dann können Sie die nächste Frage stellen.

▶ „Welche Methoden nutzen Sie, um neue Kunden zu gewinnen?"

Mit der Antwort auf diese Frage können Sie einschätzen, wie er neue Klienten akquiriert und ob diese Methode für Ihr Unternehmen funktioniert. Nennt er unterschiedliche Methoden, dann stellen Sie folgende Überprüfungsfrage: „Welcher Prozentsatz kommt von welcher Methode? „Welche Ressourcen nutzen Sie dafür?"

▶ „Wie machen Sie aus einem Kunden einen lebenslangen Kunden?"

Diese Frage ist natürlich nur dann sinnvoll, wenn Sie Produkte oder Dienstleistungen anbieten, die regelmäßig an dieselben Kunden verkauft werden. Ist das der Fall, dann erfahren Sie etwas über seine Kundenbindungsfähigkeiten.

▶ „Wie viel Prozent Ihres Geschäfts beruht auf Kundenempfehlungen?"

Die Antwort auf diese Frage verrät Ihnen, ob der Kandidat bestehende Kundenbeziehungen effektiv nutzt.

▶ „Erzählen Sie mir doch bitte von einem Projekt oder einem Abschluss, den Sie aufgrund einer solchen Empfehlung getätigt haben."

Mit dieser Auskunft validieren Sie die Informationen der vorangegangenen Antwort insofern, als Sie feststellen, ob es tatsächlich Empfehlungsgeschäfte gibt. Es wird dabei deutlich, ob der Kandidat erst lange überlegen muss oder ob es eine häufig vorkommende Situation ist.

▶ „Erzählen Sie mir nun, wie Sie mit diesem auf Empfehlung gewonnen Kunden umgegangen sind, nachdem Sie mit ihm einen Abschluss gemacht haben!"

Sie erfahren hier, wie es um seine Kompetenz im Hinblick auf Empfehlungsmanagement bestellt ist und wie er Kunden dazu motiviert, ihrerseits Empfehlungen auszusprechen.

▶ „Haben Sie schon einmal ein bestehendes Gebiet/eine Produktlinie/eine Agentur übernommen?"

Lautet die Antwort „Ja", fahren Sie fort: „Welche Mengen wurden umgesetzt, als Sie übernommen haben?" „Wie war das Volumen, als Sie gegangen sind/bzw. wie ist das Volumen jetzt?"

Aus der Antwort lässt sich ablesen, wie er mit Herausforderungen umgeht. Außerdem erhalten Sie Informationen über seine Eigenleistung, also über das, was ihm nicht schon quasi wie gebratene Tauben in den Mund geflogen ist.

▶ „Welchen Teil des Verkaufsprozess mögen Sie am liebsten (Kontakte herstellen, präsentieren, Networking, das Projekt gewinnen etc.)?"

Nun erfahren Sie, wie er den Verkaufsprozess wahrnimmt und welche Stärken und Schwächen sich in diesem Zusammenhang ablesen lassen.

▶ „Erzählen Sie mir, wie Sie Kontakte generieren!" oder „Machen Sie Präsentationen Ihrer Produkte oder Dienstleistungen? Welche Struktur haben Sie bei Ihren Präsentationen?" „Welche Ressourcen nutzen Sie beim Networking?" „Berichten Sie mir doch einmal von den letzten drei Projekten/Ausschreibungen, die Sie gewonnen haben! Warum, glauben Sie, hat der Kunde gekauft?"

Die Antwort auf diese Fragen validiert die Informationen der Antwort, die Sie auf die vorangegangene Frage erhalten haben. Sie bekommen Einsicht in die Stärken und Schwächen des Kandidaten im Verkaufsprozess. Wenn Sie bezüglich seiner Verkaufsleistungen noch etwas tiefer bohren wollen, können Sie folgendermaßen fortfahren:

▶ „Welche Aspekte im Verkaufsprozess könnten bei Ihrer jetzigen Arbeit Ihrer Meinung nach verbessert werden?"

Die Antwort auf diese Frage liefert Ihnen Informationen darüber, wie er seinen Verantwortungsbereich wahrnimmt. Die Antwort auf die nun folgende Frage zeigt Ihnen dann, ob er es ernst damit meint und ob er diesbezüglich aktiv geworden ist.

▶ „Welche Schritte haben Sie unternommen, um das zu verbessern?"

Sollte die Antwort lauten „Nichts", dann fragen Sie natürlich „Warum nicht?". Wenn er eine Antwort darauf gibt, entscheiden Sie, ob diese für Sie zufriedenstellend ist. Bleiben Sie ruhig noch etwas beim Thema Schwierigkeiten und Schwächen. Fragen Sie.

▶ „Was ist für Sie das Schwierigste an Ihrer Arbeit?"

Nun werden mögliche Schwierigkeiten im Hinblick auf das Verkaufen sichtbar.

▶ „Was sind die drei häufigsten Einwände, denen Sie begegnen?"

Achten Sie bei der Antwort darauf, ob es bei dem Kandidaten irgendwelche verborgene Schuldzuweisungen an seinen gegenwärtigen Arbeitgeber gibt, das Produkt oder den Preis. Dieses ist immer ein schlechtes Zeichen. Wie seine Antwort auch ausfällt – Sie sollten danach stets folgende Frage stellen:

▶ „Wie gehen Sie mit diesen Einwänden um?"

Einerseits gibt Ihnen die Antwort auf diese Frage einen Hinweis über seine Fähigkeiten hinsichtlich der „Einwandbehandlung". Andererseits bekommen Sie einen Hinweise darauf, ob er selbst die Verantwortung übernimmt oder Schwierigkeiten auf die Umstände abschiebt.

▶ „Was entgegnen Sie, wenn der Kunde sagt: ´Das ist mir zu teuer`?"

Die Antwort gibt Ihnen Informationen darüber, wie gut er das Preis-Leistungs-Verhältnis erklären kann.

Fragen Sie auch seine Stärken ab:

▶ „Berichten Sie mir von dem bisher größten Erfolg in Ihrer Vertriebskarriere!"

Falls er etwas Besonderes erreicht hat, so wird er Ähnliches vermutlich auch in Zukunft erreichen können.

▶ „Erzählen Sie mir von Ihrem größten Fehlschlag in Ihrer Karriere!"

Wir alle haben Niederlagen erlebt. Sie sind daher bei dieser Frage weniger daran interessiert, welche Niederlage er erlitten hat, sondern vielmehr daran, wie er damit umgegangen ist. Die Folgefrage sollte daher sein:

▶ „Wenn Sie die Zeit zurückdrehen könnten, was würden Sie dann anders machen?"

Das zeigt, ob er aus seinen Fehlern gelernt hat oder nicht. Hat er die Verantwortung übernommen oder macht er andere für seine Fehlschläge verantwortlich? Die nun folgenden Fragen haben Sie bereits in ähnlicher Form gestellt. Wenn es Ihnen angebracht erscheint und Sie im Hinblick auf seine Stärken und Schwächen noch Informationsbedarf haben, fragen Sie erneut mit leicht veränderter Wortwahl:

▶ „Was ist Ihrer Meinung nach der schwierigste Part des Vertriebsberufs?"

Unabhängig davon, welche Antwort Sie bekommen, lassen Sie ihn beschreiben: „Sagen Sie mir, wie Sie diese Schwierigkeit in den Griff bekommen!"

Auch hier bleiben wir nicht nur bei den Hindernissen, sondern gehen auch auf die tragenden Faktoren ein:

▶ „Was ist Ihrer Meinung nach das Faszinierendste am Verkaufsberuf?"

Seine Antwort gibt Ihnen einen Hinweis darauf, was den Kandidaten motiviert und welches seine verkaufsbezogenen Stärken sind. Auch hier schieben Sie eine Folgefrage hinterher: „Wie gehen Sie genau diesen Bereich an?"

▶ „Was ist Ihrer Ansicht nach ist der entscheidende Erfolgsfaktor beim Verkaufen?"

Die Antwort gibt Ihnen Antwort über seine Kompetenz im Verkaufsprozess. Je nachdem, wie seine Antwort ausfällt, können Sie Überprüfungsfragen folgen lassen. Zum Beispiel: „Wie schaffen Sie es, die Bedürfnisse der Kunden zu verstehen?", „Wie kommen Sie zum Abschluss?", „Wie kommen Sie an neue Kontakte?"

▶ „Woraus schließen Sie, dass Sie mit uns erfolgreich verkaufen können?"

Die Antwort zeigt Ihnen, ob er eine klare Vorstellung davon hat, warum er mit Ihnen arbeiten möchte. Sie können zugleich prüfen, ob seine Erwartung realistisch ist. Gehen wir zur nächsten Frage über:

▶ „Welche Trainings und Coachings haben Sie bis jetzt durchlaufen?"

Durch seine Antwort erfahren Sie mehr über seine Methodenkompetenz. Zugleich haben Sie den Anker für die nächste Frage:

▶ „Was haben Sie persönlich dafür getan, Ihre Fähigkeiten als Vertriebsmitarbeiter zu verbessern?"

Die Antwort vermittelt Ihnen ein besseres Bild von seinem Engagement für seinen Beruf.

▶ „Jeder Vertriebsmitarbeiter muss im Hinblick auf Quantität und Qualität eine Balance für seine Produktionsvorgaben finden. Welche der beiden Priorisierungen beschreibt Ihren Stil zutreffender?"

Im Verkauf sind sowohl Quantität als auch Qualität wichtig, um erfolgreich zu sein. Nur wenige Verkäufer haben aber die Fähigkeit, beide Bereiche gleich gut zu managen. Die meisten gehen entweder in die eine oder in die andere Richtung. Wenn er „Quantität" nennt, sollte eine Frage zu seinem Aktivitätslevel, wie zu Beginn bereits ausgeführt, folgen. Priorisiert er „Qualität", gilt es, seine Abschlussfähigkeiten und seinen Verkaufsstil abzufragen.

▶ „Beschreiben Sie einen typischen Tag."

Mit dieser Aufforderung validiert man erneut, worauf der Kandidat die meiste Zeit verwendet und wie er die Balance zwischen Quantität und Qualität gestaltet.

▶ „Der Fokus ist ebenfalls ein entscheidender Teil des Verkaufsprozesses. Es bedeutet, ganz genau zu wissen, wer Ihre besten Kunden sind und sich auf diese Zielgruppe zu konzentrieren. Welches ist Ihre derzeitige Fokusgruppe?

Die Antwort zeigt Ihnen, ob er strategisch an seine Aufgaben herangeht oder ob er dazu neigt, die Käufer zu kontaktieren, die er mag. Die zweite Variante ist, obgleich häufig vorkommend, vom Produktivitätsstandpunkt aus gesehen, die ineffektive.

▶ „Wie viel Prozent Ihres Kundenstamms fällt unter diese Kategorie? Nennen Sie mir bitte einige Beispiele!"

Die Antwort validiert die Antwort auf vorhergehende Frage.

Mit den oben genannten Fragen können Sie sehr gut die frühere Leistung eines Verkäufers, seinen Arbeitsstil, seine Stärken und seine Schwächen analysieren.

Wenn Ihr Kandidat hingegen nicht aus dem Vertrieb kommt, zum Beispiel, weil er gerade erst die Universitätsausbildung abgeschlossen hat, geht das natürlich nicht. Auch seine methodischen Fähigkeiten im Verkauf können Sie so nicht messen, weil er sie (noch) nicht besitzt. In diesem Fall wissen Sie, dass Sie ihn nicht nur im Hinblick auf Ihre Produkte, den Markt und Ihre Unternehmensstrategie hin trainieren und entwickeln müssen, sondern auch im Hinblick auf die Verkaufstechniken selbst.

Wir alle wissen: Niemand wird als Verkäufer geboren. Trotzdem sind die Zeiten, in denen es noch half, seine „Persönlichkeit zu verkaufen", vorbei. Die gute Nachricht ist aber: Man kann lernen, ein kompetenter Vertriebsmitarbeiter zu werden. Leider gehört Verkaufen jedoch nicht zu den Fächern, die man an der Universität oder der Fachhochschule lernen kann – obwohl einige Fachhochschulen und Universitäten die Notwendigkeit erkannt haben und inzwischen den Fachstudiengang „Beratung und Vertriebsmanagement" anbieten.

Auch wenn der Beruf erlernbar ist, benötigt man entsprechendes Potenzial, um ein erfolgreicher Vertriebsmitarbeiter werden zu können. Wie ich bereits mehrfach erwähnt habe, hängt Verkaufserfolg – unabhängig von der Position – von folgenden Voraussetzungen ab:

▶ fachliche Kompetenz/Methodenkompetenz
▶ Ressourcen
▶ mentale Fähigkeiten
▶ berufliche Motivationen
▶ Verhaltensmerkmale

Fach- bzw. Methodenkompetenz lässt sich verhältnismäßig leicht schulen. Was die Ressourcen anbetrifft, sollte für beide Seiten die Bereitschaft und Möglichkeit geprüft werden, diese effizient einzusetzen. Wenn es zum Beispiel wichtig ist, dass der Kandidat lokal erreichbar ist, ist eine Pendler-Lösung fast immer unbefriedigend und führt meistens dazu, dass die Stelle nicht langfristig besetzt wird.

Verhaltensmerkmale und Motivationen sind nur sehr schwer veränderbar. Aus diesem Grund ist es entscheidend, vorab gründlich die Fähigkeiten, die Persönlichkeit und die Motivation eines Kandidaten zu analysieren, bevor Sie versuchen, einen erfolgreichen Vertriebsmitarbeiter aus ihm oder ihr zu machen. Sowohl Sie als auch der Kandidat sollten sehr sicher sein, dass die Vertriebslaufbahn der richtige Weg für ihn ist. Was Quereinsteiger betrifft, empfehle ich unbedingt, Online-Profiling bzw. -Eignungsdiagnostik für die Potenzialanalyse zu nutzen.

5.3.3. Fragen für Quereinsteiger/Berufsanfänger

Der Interviewprozess mit Quereinsteigern unterscheidet sich von der Befragung von Verkaufsprofis. Wenn Sie Vertriebsprofis befragen, können – und sollten – Sie rund 80 Prozent Ihrer Fragen auf bereits erbrachte Leistungen und seine Methodenkompetenz lenken.

Das funktioniert natürlich nicht mit jemandem, der nicht aus dem Verkauf kommt. Die Fragen ergäben keinen Sinn oder wären sogar unfair. Folglich sollte sich das Interview mit einem Quereinsteiger – übrigens genauso mit einem Berufsanfänger – im Wesentlichen auf den Lebenslauf, bisher Erreichtes, die Motivation für den Wechsel des Arbeitsplatzes und den Wunsch, als Verkäufer zu arbeiten, beziehen. Außerdem nutzen Sie die Ergebnisse des Online-Profilings/der Eignungsdiagnostik, um sich ein Bild über das Potenzial für die Tätigkeit zu verschaffen.

Am wichtigsten ist es nun, dass Sie erkennen, warum ein Neu- oder Quereinsteiger in den Vertrieb möchte. Bei Berufsanfängern müssen Sie das Frage-Set entsprechend modifizieren.

Für potenzielle Vertriebsneulinge gibt es einige typische Fragen:

▶ „Aus welchem Grund wollen Sie als Verkäufer/Vertriebsmitarbeiter/Versicherungsvertreter etc. arbeiten?"

Achten Sie darauf, ob der Bewerber wirklich motiviert ist. Hat er sich ernsthaft Gedanken darüber gemacht? Gibt es einen konkreten Grund, warum er darüber nachdenkt, eine Vertriebslaufbahn einzuschlagen? Oder liegt es einfach daran, dass er gerade keine andere berufliche Optionen hat? Hat vielleicht jemand auf ihn eingewirkt, es im Vertrieb zu versuchen? Fragen Sie also ruhig weiter:

▶ „Woraus schließen Sie, dass Sie in dieser Position erfolgreich sein könnten?"

Die Antwort auf diese Frage zeigt erneut, ob er sich gründlich mit dem Thema beschäftigt hat, sich bewusst bewirbt und gute Gründe hat, in den Vertrieb zu gehen. Selbst wenn Sie feststellen, dass er nicht genau weiß, was es heißt, im Vertrieb zu arbeiten, und unter Umständen nicht genau erklären kann, warum er gern in den Vertrieb geht, muss das nicht negativ sein. Es heißt erst einmal nur, dass Sie diesbezüglich schon einmal wissen, wo er steht. Erkundigen Sie sich:

▶ „Was war bis jetzt die Arbeitsstelle, die Sie am meisten gemocht haben? Was war daran besonders?“

Die Antwort auf diese Frage gibt Ihnen Hinweise darauf, ob er in dieser Position die gleichen positiven Aspekte erlebt hat, wie in der Position, die Sie gerade besetzen wollen. Die Antwort auf diese Frage kann einen Kandidaten jedoch aus der Liste für die nächste Runde hinauswerfen, wenn ihn gerade jene Aspekte begeistern, die Sie nicht anzubieten haben!

▶ „Welche Arbeitsstelle haben Sie am wenigsten gemocht? Woran lag das?“

Auch hier können Sie auf Ausschlusskriterien stoßen, wenn der Kandidat genau jene Aspekte nennt, die wesentliche Bestandteile Ihres Angebots sind. Ein weiterer Punkt, auf den Sie achten sollten, ist, ob er seinen Vorgesetzten, das Unternehmen oder seine Kollegen kritisiert. Wenn der Kandidat sich selbst in eine Opferrolle stellt und anderen die Schuld zuweist, dann ist das sehr negativ. In einer vertrauenswürdigen Antwort analysiert der Kandidat die Gründe und verteilt an niemanden Schuldzuweisungen.

▶ „Was war bis jetzt Ihre größte Leistung bei Ihrer Arbeit?“

Die Antwort gibt Ihnen Hinweise über frühere positive Leistungen. Sie können bei der Antwort auch erfahren, ob es dabei Verbindungen zum Verkaufen gibt. Ist es etwas, das er vielleicht in der zu vergebenden Position wiederholen könnte?

▶ „Was, würde Ihr gegenwärtiger Chef wohl sagen, ist das Wertvollste an Ihnen?“

Diese Frage ist ein indirekter Weg, um ihn seine Stärken analysieren zu lassen. Für Sie ist es wichtig, dabei zu bemerken, ob das eine Eigenschaft ist, die auch für die zu vergebenden Vertriebsposition bedeutsam ist.

▶ „Was ist das Wertvollste, was Sie durch Ihre Arbeit für das Unternehmen, bei dem Sie jetzt arbeiten, beigetragen haben?“

Eine kleine Nebenbemerkung: Jeder Mitarbeiter wird eingestellt,

▶ um die Erträge zu steigern oder
▶ um die Ausgaben zu senken oder
▶ um Zeit zu sparen oder
▶ um den Geschäftsbetrieb aufrecht zu erhalten.

Im Verkauf geht es darum, die Erträge zu steigern. Sie erhalten durch die Frage in aller Regel eine wertvolle Information darüber, ob der Kandidat sich darüber im

Klaren ist, dass einer der eben genannten Beiträge von ihm erwartet wird und ob er diese Anforderung bislang erreicht hat oder nicht.

▶ „Was wissen Sie über unser Unternehmen?"

Eine gute Antwort sollte Informationen im Hinblick auf folgende Punkte geben:
▶ Produkt und Märkte
▶ Firmengeschichte und -hintergrund
▶ Kennzahlen wie Umsatz, Mitarbeiterzahl

Falls der Kandidat keine Ahnung hat, zeigt das schlicht sein fehlendes Engagement.

▶ „Was ist Ihr Verständnis von einem Vertriebsarbeitsplatz?"

Die Antwort gibt Ihnen Einblick dahingehend, ob er sich über die offene Verkaufsposition vorab informiert hat und ob seine Bewerbung erst zu nehmen ist

▶ „Was, glauben Sie, benötigt man für eine erfolgreiche Vertriebslaufbahn?"

Hierdurch wollen Sie herausfinden, wie realistisch der Bewerber den dafür nötigen eigenen Einsatz sieht. Fokus und eine gewisse Bereitschaft, Opfer zu bringen, sind nötig, um persönliche Ziele zu erreichen.

Die folgenden Fragen eignen sich für Vertriebsprofis, Quereinsteiger und Berufsanfänger gleichermaßen:

5.3.4. Fragen für Berufsanfänger

Gute Vertriebsmitarbeiter finden unter anderem auch deshalb einen guten Draht zum Kunden, weil ihr Horizont weiter reicht als nur bis zum Verkauf des Produkts oder der Dienstleistung. Darum sollten alle Kandidaten nicht nur über ein „Schmalspurwissen" verfügen. Engagement ist weitaus mehr eine Haltung als eine Errungenschaft des Berufslebens. Je nach individueller Voraussetzung des Kandidaten und Ihrem Erkenntnisstand über den Bewerber können Sie eine oder alle Fragen anbringen. Besonders geeignet sind sie für Berufsanfänger. Erkundigen Sie sich:

▶ „Haben Sie sich neben dem Studium noch für Ziele außerhalb des Curriculums engagiert?"

Mit dieser Frage erfahren Sie, ob der Kandidat bereit ist, sich über „das Nötige" hinaus zu engagieren, und wie weit sein Interessenhorizont reicht.

▶ „Haben Sie während Ihres Studiums Voll- oder Teilzeit gearbeitet? Wenn ja, wo?"

Diese Frage verrät Ihnen, ob der Kandidat organisieren kann und bereits praktische Erfahrung gesammelt hat.

▶ „Haben Sie bei Ihren Engagements außerhalb des Lehrplans auch Führungsfunktionen übernommen? Wenn ja, wie ist es dazu gekommen?"

Sie bekommen Hinweise, ob der Kandidat Führungsqualitäten hat und ob er von sich aus die Führungsrolle sucht.

▶ „Erzählen Sie mir bitte, welche Fächer Ihnen während Ihres Studiums am besten gefallen haben und auch warum!"/„Welche Fächer haben Ihnen am wenigsten gefallen? Warum?"

Sie lernen etwas über die Neigungen des Kandidaten.

▶ „Wie kamen Sie dazu, sich genau für diesen Studiengang zu entscheiden?"

Wenn Sie die Antwort auf diese Frage noch nicht vollkommen befriedigt, fragen Sie weiter:

▶ „Wenn Sie heute noch einmal entscheiden könnten, würden Sie sich für ein anderes Studium entscheiden? Wenn ja, was sind Ihre Gründe?"

Die Antwort verrät Ihnen, wo mögliche Schwächen liegen und ob der Kandidat die Gründe dafür bei anderen sucht oder sich selbst verantwortlich fühlt. Wenn der Kandidat ein Berufsanfänger ist, fragen Sie auch:

▶ „Wenn Sie sich zurückerinnern: Was hat Sie in der Schule am meisten beeinflusst und inwiefern?"

Auch hier geht es um Neigungen und grundsätzliche Orientierungsmuster.

Sie erfahren etwas darüber, wie der Kandidat mit tatsächlichen oder vermeintlichen Fehlentscheidungen umgeht und ob er Gründe hinreichend analysiert.

5.3.5. Fragen für Bewerber mit Berufserfahrung

Die Fragen im folgenden Abschnitt sind ausschließlich für Bewerber mit Berufserfahrung geeignet. In den Lebensläufen begründen Kandidaten gern ihre Bewerbung mit dem Wunsch nach einer neuen „Herausforderung" oder ähnlichen Floskeln. Damit wollen wir uns nicht zufrieden geben und fragen daher nach den Hintergründen. Am wichtigsten ist es zu verstehen, wie die gegenwärtige Position des Kandidaten ist.

▶ „Wie sind Sie zu Ihrem jetzigen Arbeitgeber gekommen?"

Mit dieser Frage können Sie Hinweise darauf sammeln, wie strategisch der Kandidat die Arbeitsplatzsuche angeht. Ebenso mit der folgenden Frage:

▶ „Welche Faktoren und Entscheidungen haben Ihre Entscheidung für diese Arbeit beeinflusst?"

▶ „Beschreiben Sie mir doch einmal die Organisationsstruktur Ihrer Firma!"

Die Antwort verrät Ihnen nicht nur die Strukturen, in denen der Kandidat sich bislang bewegt, sondern auch die Präferenzen, die er beim Erzählen setzt und ob er Systeme transparent machen kann. Bei komplexen Produkten wie beispielsweise Versicherungen werden Sie jemanden bevorzugen, der diese Fähigkeit besitzt.

▶ „Wie ist Ihre Position innerhalb des Unternehmens und wem gegenüber sind Sie verantwortlich?"

Diese Frage zeigt Ihnen den Status und die bisherige Platzierung. Ein Key-Account in einem kleinen Unternehmen hat durchaus andere Aufgaben und Reichweiten als jemand, der die gleiche Position in einem multinationalen Unternehmen bekleidet. Die Frage zeigt Ihnen auch, wie bewusst sich Ihr Kandidat darüber ist.

▶ „Wofür genau sind Sie verantwortlich? Umschreiben Sie mir doch bitte Ihre Geschäftsfelder!"

Achten Sie auch hier darauf, auf welche Bereiche der Kandidat seine Schwerpunkte legt und ob diese mit Ihren Präferenzen übereinstimmen!

▶ „Wie arbeiten Sie mit anderen Abteilungen zusammen? Erzählen Sie mir, um welche Abläufe es dabei geht!"

Auch in diesem Zusammenhang erfahren Sie, welches Bewusstsein der Kandidat von den Abläufen im Unternehmen hat.

▶ „Sprechen wir über Zahlen. Darum geht es ja schließlich im Vertrieb: Benennen Sie mir doch bitte einmal Ihr Budget, Ihr monatliches/quartals-/jährliches Umsatzvolumen und den Produktionsaufwand pro Abschluss!"

Mit der Antwort erfahren Sie, wie strukturiert der Kandidat an seine Arbeit herangeht, ob er ein „Zahlenmensch" ist, der seine Eckdaten im Kopf hat.

▶ „Mit welchen Zielen Ihrer Position sind Sie besonders gut klargekommen? Können Sie mir hierfür ein Beispiel nennen?"

▶ „Bei welchen Zielen Ihrer Position sind Sie nicht so recht klargekommen? Sagen Sie mir, warum und nennen Sie mir Beispiele!"

Die letzten beiden Fragen zielen auf die Stärken und Schwächen.

▶ „Beschreiben Sie mir, wie man Ihre Leistung hätte verbessern können!"

Die Frage zielt auf die Fähigkeit des Kandidaten, selbst Verantwortung zu übernehmen. Berichtet er nur von Änderungen außerhalb, fragen Sie ihn direkt:

- „Welche Schritte haben Sie unternommen, um Ihre Leistung in diesen Bereichen zu verbessern?"

Auf diese Frage sollte eine fundierte, glaubwürdige Antwort kommen.

- „Welche weiteren Pläne zur Verbesserung haben Sie?"

Die Antwort gibt Ihnen Antwort darauf, ob der Kandidat „dran bleibt".

- „Was waren Ihre wichtigsten Erfolge in dieser Position?"

Hiermit erfragen Sie, ob es nennenswerte Erfolge gab, was auch für die Zukunft Ähnliches erwarten lässt, sowie die Fähigkeit zu priorisieren.

- „Warum sind die Erfolge wichtig?"

In der Antwort erhalten Sie Hinweise im Hinblick auf Motivation, Geschäftssinn und -verständnis.

- „Wer außer Ihnen hat noch zu diesem Erfolg beigetragen?"

Sie erfahren, ob der Kandidat hinreichend realisiert, dass er Teil eines Teams ist.

- „Welche Rolle und welche Wirkung haben Sie in Ihrem Unternehmen?"

Sie bekommen Hinweise über die Selbsteinschätzung und aus dem Gesamtbild heraus auch darüber, wie realistisch diese ist. Fragen Sie hier am besten noch weiter:

- „Was mögen Sie am meisten an Ihrer gegenwärtigen Position und warum?"
- „Welche Tätigkeiten davon mögen Sie am wenigsten? Begründen Sie!"

Diese beiden Fragen vervollständigen Ihre Stärken-Schwächen-Analyse. Wenn Sie noch nicht vollständig sicher sind, haken Sie nach:

- „In welchen Bereichen Ihrer Arbeit sind Sie am leistungsfähigsten? Warum?"

Sie wollen auch wissen, wie sehr sich Ihr Kandidat mit seinem derzeitigen Unternehmen identifiziert. Fragen Sie:

- „Welches sind Ihrer Auffassung nach die größten Herausforderungen, vor denen Sie und Ihre Gruppe derzeit stehen? Wie stehen Sie dazu?"

Auch hier können Sie gegebenenfalls tiefer einsteigen:

- „Welche Pläne hatten oder haben Sie, um diesen Herausforderungen zu begegnen?" „Was wurde bis jetzt bereits unternommen?"

Gute Geschäftsleute und gute Verkäufer müssen Entwicklungen antizipieren können. Deshalb fragen Sie:

▶ „Wie wird sich Ihrer Meinung nach Ihre Arbeit in den nächsten zwei/drei/fünf Jahren verändern?"
▶ „Wie bereiten Sie sich darauf vor?"

Die nächsten Fragen beziehen sich auf die Fähigkeit des Kandidaten, sich auf eine bestimmte Weise führen zu lassen oder auch selbst Führungsverantwortung zu übernehmen:

▶ „Wie würden Sie den Führungsstil Ihres Vorgesetzten beschreiben?"
▶ „Was würden Sie an seiner Stelle tun?"
▶ „Wir alle haben Stärken und Schwächen. Wie gehen Sie mit negativen Seiten des Führungsstils Ihres Vorgesetzten um? Nennen Sie mir ein oder zwei Beispiele!"

Bevor Sie zum Thema Geld kommen, schalten Sie das Thema „Leistung" noch einmal vor:

▶ „Beschreiben Sie mir bitte, wie das Leistungsbeurteilungssystem in Ihrem gegenwärtigen Unternehmen funktioniert."
▶ „Wie wurden Sie dabei eingestuft, und welche Gründe für diese Einstufung können Sie mir nennen?"
▶ „Stimmen Sie mit dieser Einstufung überein?"
▶ „Auf welchen Gebieten wurde Ihre Leistung am positivsten und in welchen am kritischsten eingestuft? Woran liegt das?"
▶ „Sehen Sie das selbst auch so?"
▶ „Was haben Sie getan, um Ihre Leistung in diesen kritischen Bereichen zu verbessern?"
▶ „Was war das Ergebnis dieser Bemühungen?"
▶ „Was verdienen Sie gegenwärtig?"
▶ „Bitte erklären Sie mir zum Abschluss in zwei oder drei Sätzen, warum Sie eine neue Beschäftigung aufnehmen möchten!"
▶ „Welche Faktoren haben zu dieser Entscheidung geführt?"

Sie werden bemerkt haben, dass sich einige Fragen sehr ähneln. Das ist kein Fehler, sondern gibt Ihnen die Möglichkeit, nach Bedarf bestimmte Äußerungen noch einmal zu überprüfen. Ich stelle immer wieder fest, dass allein durch eine etwas andere Wortwahl andere semantische Felder geöffnet werden und auf diese Weise ein vollständigeres Bild des Kandidaten entsteht.

5.3.6. Fragen zu bisherigen Positionen

Alle bisher gestellten Fragen können Sie nach dem gleichen Prinzip auch in Bezug auf frühere Beschäftigungen in der Vergangenheitsform noch einmal stellen. Hier macht sich Ihre gute Vorbereitung bezahlt: Wenn Sie die Muster im Lebenslauf analysiert haben, dann wissen Sie auch, an welchen Stellen Sie – gern auch exemplarisch – nachhaken müssen.

Es ist selbstverständlich nicht erforderlich, alle Fragen zu stellen. Wichtig ist vielmehr, die wesentlichen Themen wie Motivation, Analysefähigkeit, Fokus, Selbstverantwortlichkeit, Entwicklung und Engagement abzuklopfen.

Je nach Anforderungsprofil und Position kommen gegebenenfalls weitere Eigenschaften wie zum Beispiel Teamgeist, Führungsstärke oder das Interesse für bestimmte branchenrelevante Themenfelder dazu, die Sie auf diese Weise prüfen können.

Wenn Ihr Kandidat – wie es bei erfahrenen Bewerbern meistens der Fall ist – bereits für mehrere Unternehmen gearbeitet hat, ist es nicht effektiv, Position für Position abzufragen. Ihnen geht es ja darum, festzustellen, wie gut der Kandidat auf die von Ihnen zu vergebende Stelle passt und gegebenenfalls Brüche im Lebenslauf zu verstehen. Ich erkläre Ihnen den Hintergrund der einzelnen Fragen nicht mehr, da das Prinzip mit bei den bereits behandelten Fragen übereinstimmt. Mit den folgenden Fragen gewinnen Sie einen guten Überblick:

▶ „Welches der Unternehmen, für die Sie in der Vergangenheit gearbeitet haben, hat Ihnen am besten gefallen? Warum?"
▶ „Welches Unternehmen hat Ihnen am wenigsten gefallen? Warum?"
▶ „Welche Stelle hat Ihnen bis jetzt am besten gefallen?"
▶ „Welche Stelle war für Sie am wenigsten attraktiv?"
▶ „Bei welchen Aufgaben, die Sie in der Vergangenheit zu erfüllen hatten, waren Sie am effizientesten?"
▶ „Wobei waren Sie am wenigsten effizient?"
▶ „Aus welchem Grund war das so?"
▶ „Wenn Sie Ihre vergangenen Stellen miteinander vergleichen, welche Konstanten und Unterschiede sehen Sie?"

Diese Frage nach dem Stellenvergleich ist sehr wichtig und wertvoll. Die Antwort darauf gibt Ihnen meist Hinweise darauf, was der Kandidat sucht, wie bewusst oder unbewusst er Lehren aus vergangenen Erfahrungen zieht und wie karriere- bzw. entwicklungsbewusst er ist. Manchmal zeigt sich aus der Beantwortung dieser Frage auch ein bisher nicht von außen sichtbares Entwicklungsschema.

- „Welche Ihrer vergangenen Positionen hat Sie wohl für die von uns zu vergebende Stelle am besten vorbereitet?"
- „Wie geeignet fühlen Sie sich, um diese Position erfolgreich auszufüllen?"
- „Was glauben Sie, bei welchen mit dieser Position verbundenen Tätigkeiten Sie sich am wohlsten fühlen?"
- „Bei welchen Aspekten dieser Position würden Sie sich nach jetziger Einschätzung weniger wohl fühlen?"
- „Welche speziellen Fähigkeiten bringen Sie mit, die für diese Position besonders hilfreich sein dürften?"
- „Bei welchen Fähigkeiten, die für den Erfolg dieser Position notwendig sind, empfinden Sie noch Defizite?"
- „Wie gehen Sie mit diesen Defiziten um?"
- „Wie würden Sie Ihre Strategie für die Position beschreiben?"
- „Was wären die ersten Dinge, die Sie tun würden?"
- „Wenn Sie zu entscheiden hätten, würden Sie sich für diese Position einstellen? Warum!"

Durch das Beantworten der hier genannten stellenbezogenen Fragen dürften Sie bereits ein recht umfassendes Bild von dem potenziellen Mitarbeiter gewonnen haben. Überprüfen Sie Ihre Eindrücke auch hinsichtlich der Selbsteinschätzung Ihres Kandidaten und hinsichtlich der Selbstbild-Fremdbild-Übereinstimmung.

5.3.7. Fragen zu persönlichen Eigenschaften

Die Fragen dieses Sets können Sie wahlweise als Zwischenblock oder am Schluss stellen, wenn der Kandidat Ihnen für die engere Wahl geeignet erscheint. Als Eingangsfragen empfehle ich, stellenbezogene Fragen wählen.

- „Unser Ziel ist es, Mitarbeiter zu gewinnen, die auch hinsichtlich ihres Wesens und ihres Temperaments in unser Unternehmen passen. Wie würden Sie sich selbst beschreiben?"
- „Mit welchen drei Adjektiven würden Sie sich am zutreffendsten selbst beschrieben sehen?"
- „Was glauben Sie: In welchem Bereich gibt es bei Ihnen den größten Spielraum für Verbesserungen?"
- „Nennen Sie mir eine Stärke, die Sie jetzt nicht besitzen, aber sehr gerne hätten?"
- „Welche Pläne haben Sie, diesen Punkt zu verbessern?"
- „Wer ist Ihr Vorbild?"

Wenn der Kandidat ein Vorbild hat - was nicht immer der Fall ist - fragen Sie weiter:

- „Welche Eigenschaften mögen oder bewundern Sie an dieser Person?"

Hat der Kandidat kein Vorbild, könnten Sie fragen, welcher Mensch einem solchen Vorbild am nächsten käme. Die Nachfrage würde sich dann ebenfalls wieder auf die Eigenschaften richten.

- „Welchen Hobbys oder Freizeitbeschäftigungen gehen Sie nach?"
- „Nicht immer klappt die Zusammenarbeit mit Kollegen oder Kunden reibungslos. Darum ist es für uns wichtig zu erfahren: Wie gehen Sie mit zwischenmenschlichen Konflikten um?"
- „Was tun Sie, um Konflikte zu vermeiden?"
- „Welchen Ihrer bisherigen Vorgesetzten mochten Sie am meisten? Warum?"
- „Welchen Ihrer bisherigen Vorgesetzten mochten Sie am wenigsten? Warum?"
- „Gibt es etwas, das Sie an sich gern ändern würden? Was wäre das, und warum würden Sie es gern verändern?"
- „Welches sind Ihre kurzfristigen Karriereziele? Welche Gründe haben Sie dafür?"
- „Wie zufrieden sind Sie im Allgemeinen mit dem Erreichen dieser Ziele?"
- „Auf welchen Gebieten haben Sie Ihre Ziele bereits erreicht?"
- „Auf welchen Gebieten ist Ihnen das bisher nicht gelungen? Woran liegt das?"
- „Welche langfristigen Karriereziele haben Sie?"
- „Inwieweit ist diese Position für Ihre Karriereziele relevant?"
- „Wie sähe Ihr ideales Arbeitsumfeld aus?"
- „Welche weiteren Pläne haben Sie, um sich selbst zu verbessern?"
- „Was tun Sie konkret, um an sich zu arbeiten?"

5.4. Vierter Schritt: Vorstellen der Position

Verdeutlichen wir uns noch einmal die Analogie von Verkaufsprozess und Rekrutierungsprozess. Im Verkaufsprozess wären wir mit diesem Schritt beim klassischen Präsentationsteil angekommen. Nachdem wir die Bedürfnisse und Leistungen des Kandidaten analysiert haben, präsentieren wir ihm Details über die Position und das Unternehmen.

An diesem Punkt des Verkaufsprozesses haben Sie die Wahl zwischen zwei Vorgehensweisen:

- Beim Verkaufsgespräch gehen Sie zur Präsentation über und präsentieren dem Kunden Ihre Lösung für dessen Probleme oder Verbesserungswünsche, die Sie analysiert haben, und steuern dann auf den Abschluss zu.

Oder:

▸ Nach einer kurzen Präsentation einer möglichen Lösung erkundigen Sie sich, ob es dafür ein grundsätzliches Interesse gibt. Wenn das der Fall ist, dann beenden Sie das Gespräch, indem Sie Ihre Analyse kurz allgemein zusammenfassen. Sie lassen den potenziellen Käufer wissen, dass Sie ihm, nachdem Sie weitere Nachforschungen angestellt/Expertenmeinungen eingeholt/weitere Analysen erbracht/jemand Drittes einbezogen haben, eine detaillierte Präsentation anbieten. Dafür würden Sie ein weiteres Gespräch vereinbaren, bei dem gegebenenfalls weitere Entscheider dabei wären.

Normalerweise beenden Sie das Gespräch an diesem Punkt und geben dem potenziellen Käufer eine Aufgabe, die er bis zum nächsten Treffen erfüllen sollte, wie zum Beispiel, Ihnen weitere Informationen zu schicken oder sich mit dem anderen Entscheider zu koordinieren. Auch Sie verpflichten sich für eine Aufgabe, wie zum Beispiel eine tiefer gehende Analyse oder das Hinzuziehen von Experten in Ihrem Unternehmen.

Genauso gehen Sie auch beim Auswahlgespräch vor. An dieser Stelle haben Sie zwei Möglichkeiten:

▸ Sie fahren mit dem Interview fort. Basierend auf dem Anforderungsprofil präsentieren Sie dem Kandidaten Detailinformationen über die Position. Der Kandidat erfährt so sehr genau, was von ihm in Zukunft erwartet wird und was er von dem Unternehmen erwarten kann. Nachdem Sie diese Informationen gegeben haben, gehen Sie zum nächsten Schritt über und analysieren seine Vorzüge, sodass Sie ihm ein attraktives Angebot machen können.

Wenn Sie allerdings bereits entschieden haben, dass er nicht zur Position passt, können Sie an dieser Stelle die Information ebenfalls freundlich erklären. Das ist auch eine Art von Abschluss!

Oder:

▸ Nach einer kurzen Präsentation Ihres Angebots und der Rückversicherung, dass die grundlegenden Erwartungen und Qualifikationen passen, fragen Sie ihn, ob er daran interessiert ist, den nächsten Schritt mitzugehen. Wenn er das bejaht, organisieren Sie das nächste persönliche Auswahlgespräch mit ihm. Der Grund, warum ein weiterer Termin folgt, könnte zum Beispiel sein, dass Sie vorab noch weitere Informationen sammeln, weitere Entscheider bzw. eine dritte Person einbeziehen wollen oder müssen oder einfach, weil Sie noch mehr Kandidaten aus der Vorauswahl sehen möchten. Wie im Verkauf sollten Sie sich bei ihm auch hier versichern, ob er daran interessiert ist.

Wie im Verkauf empfehle ich auch für den Auswahlprozess, das Gespräch mit der Verabredung zu beenden, dass sowohl der Kandidat als auch Sie selbst eine Aufgabe bis zum nächsten Termin erledigen.

Die Aufgabe kann zum Beispiel die Lösung eines Problems sein, das in seinem möglichen neuen Arbeitsalltag auftreten kann. Es kann auch sein, dass er seine zukünftigen Kollegen treffen und ein Informationsgespräch mit ihnen führen soll. Oder die Aufgabe kann darin bestehen, dass er ein Online-Profiling absolviert. Ihre Aufgabe könnte es sein, das Gespräch mit dem zukünftigen Kollegen zu organisieren, eine Einladung für das Online-Assessment zu verschicken oder Referenzen zu überprüfen.

Nachdem Sie alle Ihre „Hausaufgaben" gemacht haben und glauben, den Richtigen gefunden zu haben, sollten Sie Ihr Angebot mit seinen Interessen und persönlichen Zielen abgleichen. Diese haben Sie ja bereits im Telefoninterview und/oder im ersten persönlichen Gespräch mithilfe Ihrer Fragen herausgefunden, sodass Sie jetzt zum erfolgreichen Abschluss kommen können.

Nun kommt der nächste Schritt:

5.5. Fünfter Schritt: WIIFM? (What´s in it for me?)

Der Grund, warum jemand etwas kauft, besteht darin, entweder den Umsatz zu erhöhen oder die Kosten zu senken. Im emotionalen Sinne bedeutet dies, dass man entweder Freude steigern oder Unannehmlichkeiten vermeiden will. Wir wissen alle, dass es entscheidend ist, „What´s in it for me?" oder kurz WIIFM im Verkaufsprozess zu kommunizieren. Es bedeutet, erklären zu können, warum jemand in unsere Produkte oder Dienstleistungen investiert. Der Kunde soll verstehen, was er davon hat. Das Gleiche gilt auch für den Rekrutierungsprozess. Genau genommen müssten Sie Ihrem Kandidaten erklären „What´s in it for you?" oder „Welchen Vorteil haben Sie (als Kandidat) davon?"

Wirklich wichtig ist es, WIIFM erst an dieser Stelle zu bringen - sowohl im Verkaufsprozess als auch im Auswahlprozess. Es gehört mit zu den häufigsten und in der Wirkung katastrophalsten Fehlern, WIIFM am Anfang zu bringen. Das ist ein extremer Fehler! Wie kann ich denn einem Kunden bzw. Kandidaten erklären, was er von dem von mir angebotenen Produkt, der Dienstleistung bzw. Position im Unternehmen hat, wenn ich seine Bedürfnisse, Vorstellungen und Erwartungen noch gar nicht analysiert habe? Jeder, der sein Geschäft versteht, sei es im Verkauf oder im Auswahlprozess, bringt WIIFM erst dann, wenn diese Analyse abgeschlossen ist und auf keinen Fall am Anfang.

Kommen wir zurück zur Bedeutung von WIIFM. Wenn wir den ganzen Austausch von Höflichkeiten beiseite lassen, all das „gute Benehmen" und die sozialen Normen, die unser Verhalten und unsere Kommunikation mit anderen bestimmen, dann zeigt sich, was uns in Wirklichkeit am meisten antreibt: unser Eigeninteresse.

Sogar die selbstloseste Person fragt letztlich „WIIFM – Was habe ich davon?" Die Antwort für den Altruisten lautet: das schöne Gefühl, das sich einstellt, wenn ich Gutes für andere Menschen tue. Das ist es, was ihn interessiert. Wer anderen etwas Gutes tut, handelt letztendlich in seinem eigenen Interesse.

Darum behaupte ich: Wenn Sie identifizieren können, worin das Eigeninteresse des Kandidaten liegt, und wenn Sie ehrlich und beständig vermitteln, dass Sie Kandidaten und Mitarbeitern helfen, Ihre Eigeninteressen zu verwirklichen, dann werden die Menschen für Sie arbeiten wollen.

Erinnern wir uns: Es gibt grundlegende Bereiche, die für jeden Kandidaten interessant sind:

▶ *Inhalt:*
Damit ist der Inhalt der Arbeit gemeint, die die Mitarbeiter ausführen sollen. Damit kann die Position als solche gemeint sein, die Möglichkeiten für persönliches Wachstum, um neue Fähigkeiten und Kompetenzen zu entwickeln. Sie setzen die Möglichkeit langfristiger Bindung aufs Spiel, wenn Sie den Mitarbeitern keine Chance geben, sich weiterzuentwickeln.

▶ *Das Unternehmen und die Menschen:*
Eine Firma gilt entweder als eine gute Marke oder nicht. Es geht um das Image auf dem Markt und die Qualität der Produkte oder Dienstleistungen. Zu den hier relevanten Unternehmensqualitäten zählen zum Beispiel auch Wettbewerbsvorteile und Alleinstellungsmerkmale der Produkte oder Dienstleistungen. Ein leistungsstarker Vertriebsmitarbeiter wird Marktforschung im Hinblick auf diese Aspekte betreiben, denn diese Unternehmenswerte beeinflussen auch seine Leistungen auf dem Markt.

Ebenso wird sich ein guter Kandidat über den Ruf des Unternehmens im Hinblick auf Arbeitsbedingungen und Arbeitsklima informieren. Nicht umsonst veröffentlichen Zeitschriften vielgelesene Ranglisten der beliebtesten Unternehmen. Legendär ist das amerikanische „Fortune Magazine's 100 Employers to Work For", um nur das international Bekannteste zu nennen. Auch hiesige Wochenmagazine veröffentlichen Jahr für Jahr die Unternehmen, die bei Arbeitnehmern beliebt sind. Die Bedeutung dieser Ranglisten ist kaum zu überschätzen. Bereits Studenten informieren sich hierzulande mit Campus-Magazinen wie „Universum – Die 100 beliebtesten Arbeitgeber bei deutschen Studierenden", wo die Arbeitsbedingungen attraktiv sind und das Umfeld interessant. Es lohnt sich, sein Augenmerk darauf zu richten. Das Thema ist nicht nur für Konzerne bedeutend, sondern auch für kleine und mittlere Unternehmen, denn bestimmte Regeln gelten hier wie dort. So zeigen wissenschaftliche Studien immer aufs Neue, dass ein attraktiver Arbeitsplatz sich durch folgende Aspekte auszeichnet:

▶ die Beziehung zwischen Mitarbeitern und Management
▶ die Beziehung zwischen Mitarbeitern und Unternehmen
▶ die Beziehung zwischen den Mitarbeitern untereinander

Ein praktisches Beispiel: Wenn der Mitarbeiter seinen zukünftigen Vorgesetzen nicht sympathisch findet, wird es nicht möglich sein, ihn zu überzeugen. Das bedeutet, dass Sie nicht nur dafür verantwortlich sind, Talente in Ihr Unternehmen zu bringen, sondern dass Ihre eigene Kompetenz eine entscheidende Rolle dabei spielt, ob Sie „Stars" rekrutieren können oder nicht. Man kann das ganz einfach auf einen Satz bringen:

"Good people work for good managers." Oder, nicht ganz so geschmeidig, auf Deutsch: „Gute Mitarbeiter arbeiten für gute Chefs."

▶ *Finanzielle Chancen:*
Wie Studien immer wieder zeigen, ist Geld gar nicht der entscheidende Faktor, wenn die oberen zwei Voraussetzungen gegeben sind. Gibt es allerdings Mängel in einem der ersten zwei Punkte, wie zum Beispiel im Hinblick auf das Image des Unternehmens oder keine großen Unterschiede zu dem, was der Kandidat gegenwärtig tut, dann können finanzielle Möglichkeiten eine große Rolle bei der Entscheidung des Kandidaten für oder gegen eine Position spielen.
Ein leistungsstarker Verkäufer ist immer durch einen bestimmten Prozentsatz erfolgsabhängiger Gehaltsbestandteile motiviert. Das liegt in seinem Interesse und in Ihrem Interesse. Verkaufserfolg sollte darum quantifizierbar sein, ebenso wie das Honorar für den Erfolg.

5.6. Sechster Schritt: Der Abschluss – das Angebot

Es wird oft unterschätzt, wie wichtig das richtige Abschließen und das Unterbreiten des Angebots ist. Ich habe viele Bücher darüber gelesen, wie man Mitarbeiter einstellt; ich habe unterschiedlichstes Trainingsmaterial studiert, aber ich habe noch nie eine Orientierungshilfe zu dem Thema gefunden, wie man mit einem Kandidaten zum Abschluss kommt. Ist das nicht erstaunlich?

Aus dem Vertrieb wissen Sie: Wenn Sie die ersten fünf Bereiche erfolgreich durchlaufen haben, dann sind Sie jetzt bei dem Teil angekommen, an dem sich zeigt, ob Sie verkaufen oder verlieren. Wenn Sie den Abschluss nicht auf die richtige Weise angehen, dann verkaufen Sie nichts.

Das ist beim Rekrutieren von Mitarbeitern nicht anders. Wenn Sie Ihr Angebot nicht auf die richtige Weise anbringen, dann werden Sie Ihren Wunschkandidaten nicht bekommen.

Exakt wie beim Verkaufen befinden Sie sich im entscheidenden Teil des Prozesses. Rufen Sie sich bitte in Erinnerung, dass die Voraussetzung dafür, dass Sie überhaupt erfolgreich abschließen können, das Durchlaufen der Schritte eins bis fünf ist, genau wie beim Verkaufen. Wenn Sie in einem dieser Bereiche nicht sorgfältig gearbeitet haben, dann werden Sie entweder Ihr Angebot an einen nicht passenden Kandidaten richten oder Sie richten ein unpassendes Angebot an einen eigentlich passenden Kandidaten, der dann leider nicht die für ihn ausschlaggebenden Vorteile darin sieht, für Ihr Unternehmen zu arbeiten.

Wie können Sie erfolgreich ein Angebot unterbreiten?

Entweder unterbreiten Sie Ihr Angebot direkt, nachdem Sie Schritt fünf beendet haben. Wenn Sie noch ein weiteres Gespräch brauchen, um das Angebot zu machen, dann organisieren Sie das. Unterbreiten Sie keine Angebote am Telefon! Finden Sie heraus, wie es um die Bereitschaft, gegebenenfalls ein Angebot zu akzeptieren, bestellt ist. Sagen Sie einfach: „Wir würden uns freuen, wenn Sie für uns arbeiten möchten. Bevor ich Sie darum bitte, mehr Zeit zu investieren, habe ich eine direkte Frage: ´Sind Sie grundsätzlich interessiert daran, in der Position, wie ich Sie Ihnen im Anforderungsprofil beschrieben habe, zu arbeiten?´" Wenn die Antwort „Ja" lautet, besteht der nächste Schritt im Verhandeln und dem Angebot. Das sollte persönlich geschehen. Falls hierfür Langstreckenflüge notwendig sind, dann können Sie ein Angebot auch über das Telefon aussprechen, aber dann wählen Sie als Form ein Webinar, also einen Live-Kontakt über das World Wide Web, in dem Sie ihm das Angebot präsentieren und die einzelnen Details mit ihm durchgehen können.

Beginnen Sie das Treffen/das Webinar mit der Präsentation Ihres Angebots, und zwar im Abgleich mit den Interessen und Zielen des Kandidaten, die Sie bereits im vorherigen Stadium analysiert und präsentiert haben. Es ist wie eine Zusammenfassung des Gewinns, den er hat, wenn er das Angebot annimmt.

Bauen Sie diesen Abgleich auf die vier ausschlaggebenden Beweggründe des Kandidaten auf.

Inhalt:

▶ Beginnen Sie damit zu beschreiben, welchen unmittelbaren Einfluss und welche direkten Wirkungsmöglichkeiten der Kandidat in dieser Position haben wird.

▶ Zeigen Sie die Möglichkeiten zum persönlichen Wachstum und zur Weiterentwicklung in dieser Position auf!

▶ Breiten Sie Entwicklungsmöglichkeiten und längerfristige Chancen vor ihm aus (natürlich nur, wenn es die tatsächlich gibt – wenn nicht, konzentrieren Sie sich auf die ersten beiden Punkte).

Unternehmen und Menschen:

▶ Heben Sie die besonderen Stärken des Unternehmens hervor: Wachstum, Vision, Unternehmenskultur oder Ähnliches.

▶ Betonen Sie auch die Stärken des Produkts oder der Dienstleistung. Der Kandidat sollte den gefestigten Eindruck bekommen, dass er das geeignete Produkt bzw. die richtige Dienstleistung hat, um Märkte zu erobern.

▶ Erklären Sie ihm Ihren Führungsstil. Erläutern Sie ihm klar und ehrlich, was Sie von ihm erwarten und welche Management-Ressourcen Sie ihm zur Verfügung stellen.

▶ Geben Sie ihm die Gelegenheit, seine zukünftigen Kollegen zu treffen.

Die Finanzen:

▶ Legen Sie ihm das finanzielle Paket dar, das Sie ihm anbieten, und besprechen Sie auch die Details. Im Verkauf sollte ein Teil des Verdiensts immer abhängig sein vom Einsatz bzw. von den Resultaten.

▶ Sprechen Sie auch alle Bereiche an, in denen Ihr Angebot nicht deckungsgleich mit den Vorstellungen des Kandidaten ist, und erklären Sie ihm auch die Gründe dafür.

Nachdem Sie diese Bereiche durchgesprochen haben, fragen Sie nach einem Feedback. Entweder erhalten Sie ein klares „Ja" oder es stellt sich heraus, dass er noch Fragen hat oder sich Zeit erbittet, um darüber nachzudenken.

In letzterem Fall erkundigen Sie sich, welche Teile davon betroffen sind. Ganz gleich, worauf sich seine Bedenken richten, klären Sie diese Bereiche und bringen Sie ihn zurück zu „WIIFM".

Wenn Sie ein klares „Ja" bekommen oder seine Bedenken beseitigen konnten, dann diskutieren Sie die nächsten Schritte mit ihm – ebenso wie den Zeitplan. Setzen Sie – genau wie im Verkauf – immer eine Deadline für die schriftliche Bestätigung bzw. Unterschrift.

Der Zeitraum hierfür sollte eine Woche nicht überschreiten. Wenn Sie einen Vor-Abschluss gemacht haben, dann sollte das nicht mehr sein als eine Formalität. Dafür braucht es nicht länger als eine Woche. Andernfalls kann es sein, dass man in die „kalte Phase" eintritt. Darum: Verlangen Sie immer, dass das schriftliche Angebot unterschrieben zum festgesetzten Zeitpunkt zurückgegeben wird.

Nehmen wir nun an, Sie haben das unterschriebene Angebot rechtzeitig zurückerhalten. Was tun Sie nun? Warten bis zum Arbeitsbeginn? Das ist einer der häufigsten Fehler, den einige meiner Beratungskunden begangen haben. Manchmal müssen Sie zwischen vier und zwölf Wochen warten, bis der Kandidat für Sie zu arbeiten beginnt. Das birgt immer die Gefahr, dass er während dieser Zeit einen Rückzieher macht. Wenn Sie Ihr Vertragsangebot unterschrieben zurückbekommen haben, dann sollten Sie oder der mit der Rekrutierung beauftragte Mitarbeiter auf jeden Fall dafür sorgen, dass es mit dem Kandidaten mindestens alle zwei Wochen eine Kontaktaufnahme gibt. Sie können diese Zeit zum Beispiel nutzen, um ihn auf die neue Position vorzubereiten. Das wird seine Einarbeitungszeit optimieren.

Auf jeden Fall bin ich sicher, dass Sie, wenn Sie die hier beschriebenen Schritte befolgen, den passenden Menschen für die richtige Position in Ihr Unternehmen geholt haben. Ich wage sogar noch eine weitergehende Prognose:

Wenn Sie dem im Buch vorgestellten Ablaufschema folgen, können Sie nicht mehr falsch einstellen!

---

6. Fazit

Sie besitzen jetzt ein ganzheitliches Instrumentarium, um von nun an ausschließlich geeignete Mitarbeiter einzustellen. Für nicht wenige meiner neuen Kunden hörte sich diese Perspektive am Anfang unglaublich an. Dann begannen Sie, Schritt für Schritt, das Programm umzusetzen:

▶ Sie erarbeiteten praxisbezogene Stellenbeschreibungen und detaillierte Anforderungsprofile.
▶ Sie nutzten und erweiterten ihr Wissen auf dem Markt potenzieller Bewerber.
▶ Sie sorgten durch die Wahl der richtigen Kanäle und mithilfe kreativer Strategien für eine hinreichende Zahl qualitativ interessanter Kandidaten.
▶ Sie filterten die Geeignetsten im Auswahlprozess heraus und zeigten ihnen, warum es für sie ein Gewinn ist, fortan für ihr Unternehmen zu arbeiten.

Die Rückmeldungen, die ich bekomme, wenn ein Unternehmen den kompletten Prozess durchlaufen hat, sind sensationell. Meistens hört sich das Feedback so ähnlich an wie die Mail eines Vertriebsmanagers für IT-Produkte, die mich vor Kurzem erreichte:

„Es ist wirklich unglaublich, wie das Konzept funktioniert. Obwohl wir nach wie vor schnell wachsen, haben wir seit zwei Jahren keinen Mitarbeiter mehr eingestellt, der nicht wenigstens durchschnittlich, wenn nicht sogar hervorragend verkaufen kann!"

Es ist einfach nicht länger hinnehmbar und finanzierbar, immensen Aufwand für Fehleinstellungen zu betreiben. Es bedarf eines neuen Paradigmas – eines, das der Notwendigkeit, geeignete Menschen einzustellen, oberste Priorität einräumt und damit die Wahrscheinlichkeit späterer Probleme drastisch senkt.

Das ist noch nicht alles, denn das Konzept, das ich Ihnen hier anbiete, wirkt ganzheitlich. Darum möchte ich gern noch ein wichtiges Detail, das gern verdrängt wird, ins Bewusstsein rufen. Wir Menschen sind alle verschieden und so ist auch jedes Unternehmen anders, besitzt seine eigene Unternehmenskultur. Ich habe Ihnen hier wirksame Werkzeuge an die Hand gegeben, mit denen Sie im Rahmen Ihrer Ansprüche und Ihrer Unternehmenskultur geeignete Mitarbeiter rekrutieren können.

Machen Sie sich aber stets deutlich: Der Geist, der in einem Unternehmen herrscht, hängt wesentlich von den Führungskräften und deren Engagement, sich fachlich und menschlich weiterzuentwickeln, ab. Es gilt das Resonanzprinzip: Ihre Mitarbeiter orientieren sich an Ihnen, Ihrem Arbeits- und Führungsstil. Was Sie selbst vorleben, prägt den Arbeitsstil Ihrer Mitarbeiter stärker als das, was Sie nur erzählen. Was bedeutet das konkret?

Wenn Sie erstklassige Verkäufer gewinnen wollen, dann muss Ihr Unternehmen für diese Menschen interessant sein. Das heißt, es muss gute Gründe geben, warum Top-Verkäufer gerade für Sie arbeiten wollen. Die Vorteile und die entsprechende Unternehmenskultur müssen für sie sichtbar und fühlbar sein. Rhetorik reicht definitiv nicht.

Wir haben in diesem Buch bereits mehrfach über die Motive gesprochen, die Menschen antreiben. Dies sind beispielsweise besonders spannenden Inhalte, Produkte oder Services, die Menschen, mit denen Ihre Verkäufer zu tun haben, ihre Kollegen, die Entwicklungsmöglichkeiten, Lob und Anerkennung oder – oft unterschätzt – Motivation und Spaß. Dabei gibt es kein „One fits all"-Prinzip. Ich will Ihnen dazu ein Beispiel geben.

Yvon Chouinard, Gründer eines international anerkannten kalifornischen Bergsport- und Outdoorunternehmens, war neben seinem Umweltengagement unter anderem für seine für viele Mitarbeiter attraktive Unternehmensführung bekannt. So konnten seine Mitarbeiter, wenn es plötzlich günstige Wellen gab, zum Beispiel während der Arbeitszeit surfen gehen. Voraussetzung war, und das klappte offenbar, dass sie trotzdem rechtzeitig ihre Arbeit erledigten. In einem Interview darauf angesprochen, sagte Chouinard einmal:

> „Arbeit muss Spaß machen, und wir wollen Mitarbeiter, die ein ausgefülltes Leben führen. Ein Unternehmer hat mich mal gefragt, wie er in seinem Betrieb flexible Arbeitszeiten einführen könnte. Ich sagte ihm, dass das niemals klappen wird, außer, er fängt ganz von vorne an. Man braucht die richtigen Leute, wenn man so etwas machen will."

Hier schließt sich der Kreis: Ihr Gesamtkonzept muss zu Ihrem Produkt oder Ihrer Dienstleistung, zu Ihrem Führungsstil und zu Ihren Mitarbeitern passen. Wer zum Beispiel Mitarbeiterinnen mit Kindern im Unternehmen binden oder sie einstellen will, was angesichts des Fachkräftemangels nur folgerichtig ist, kann sich zum Beispiel Gedanken über einen Kindergarten oder Kooperationslösungen mit anderen Unternehmen machen. Viele Unternehmen haben – übrigens ebenso von Männern geschätzte – attraktive Teilzeitlösungen erarbeitet.

Ein anderes Beispiel: In Deutschland leben rund 9,5 Millionen Menschen mit mindestens einem Hund im Haushalt. Es gibt Unternehmen, in dem die Mitarbeiter das Haustier mitbringen können. In anderen ist das nicht der Fall. Ich kenne mehrere Menschen aus unterschiedlichen Branchen, die ihren Arbeitsplatz danach ausgesucht haben, ob sie ihren Hund im Bedarfsfall mit zur Arbeit bringen dürfen. Es gibt unzählige weitere Beispiele für Lösungen, die einfach nur durch exakte Bedürfnisrecherchen entstanden sind.

Welches auch immer die entscheidungsrelevanten Bedürfnisse Ihrer (potenziellen) Spitzenmitarbeiter sind: Sie tun gut daran, sie zu kennen und nach Möglichkeit Lösungen zu finden, die für beide Seiten passen. Sie sehen: Immer wieder geht es letztendlich darum, Verkaufswissen zu nutzen.

Das Anwenden des Verkaufsansatzes auf Personalsuche und -einstellung steht für einen notwendigen, aus meiner Sicht sogar unvermeidlichen Paradigmenwechsel. Nach 20 Jahren, in denen mein Team und ich diesen Ansatz bereits für die Personalsuche und -einstellung gebrauchen, kann ich zweifelsfrei sagen, dass er besser funktioniert als jeder andere.

Mehr noch: Dieser verkaufsorientierte Ansatz für Personalrecherche und -einstellung ist der schnellste und effektivste Weg, um Ihr Unternehmen grundlegend zu optimieren, Personalfluktuation zu vermindern, Personalkosten zu senken und die Verkaufsleistung dramatisch zu verbessern. Ich wünsche Ihnen viel Erfolg und Freude dabei – jetzt und auf Ihrem Weg in die Zukunft.

Indem Sie Ihre Einstellungsprozesse verändern, verändern Sie Ihr Unternehmen!

▌ DANKSAGUNG ▌

Ich danke den Gründern von Profiles International Inc., USA, Jim Sirbasku und Bud Haney, für ihr Mentoring, ihr hervorragendes Coaching und ihre vielfältigen Inspirationen.

Danken möchte ich auch meinen Profiles-Partnern für ihren Input in unserer gemeinsamen Arbeit, der sich in starkem Maße auch auf dieses Buch ausgewirkt hat.

Ferne möchte ich es nicht versäumen, meinen Kunden zu danken, die es mir ermöglicht haben, in mehr als zwanzig Jahren Berufserfahrung all das Wissen zusammenzutragen, das ich Ihnen mit Freude in diesem Buch präsentiere.

Ebenso gilt mein Dank Deiric McCann, der meine Arbeit bis heute sehr beeinflusst und der mich bei diesem Buch-Projekt großartig unterstützt hat.

Ich danke insbesondere auch Ayse Öztuna-Bozoklar, die mir bereits seit zwanzig Jahren eine wertvolle Freundin und Geschäftspartnerin ist, für ihren großartigen und unbeirrbaren Beistand.

Zum Schluss möchte ich Stefano Pica für seinen kreativen Input und seine Mitwirkung danken. Ohne ihn wäre es mir nicht möglich gewesen, dieses Buch zu verfassen.

Nilgün Aygen

▌LITERATURVERZEICHNIS ▌

Adler, Lou: Hire With Your Head. New York 2007.

Deutscher Industrie- und Handelskammertag (Hrsg.): Arbeitsmarkt und Demografie. Berlin, Brüssel 2010.

Durnwalder, Kurt (Hrsg.): Assessment-Center – Leitfaden für Personalentwickler. München 2001.

Falcone, Paul: 96 Great Interview Questions to Ask Before You Hire. New York 2008.

Hackett, Penny: The Selection Interview. Exeter 1995.

Hoevemeyer, Victoria A./Falcone, Paul: High Impact Interview Questions. New York 2005.

Schmidt, Frank/Hunter, John: Psychological Bulletin 125, No. 2, 1998.

Strategische Personalauswahl im Vertrieb. Profiles-Umfragen 2011 (Studie). Frankfurt am Main 2011.

▌ DIE AUTORIN ▌

„Es gibt niemanden,
der nicht mehr erreichen könnte,
als er glaubt."
Henry Ford

Nilgün Aygen, geboren in Istanbul, hat einen US-amerikanischen Bildungshintergrund. Sie studierte psychologisches Consulting und Counseling; bereits im Alter von 23 Jahren gründete sie erfolgreich ihr erstes Beratungsunternehmen. Heute ist Nilgün Aygen Geschäftsführerin von Profiles International, des weltweit tätigen Anbieters von Personal-Profiling, zuständig für die Länder Deutschland, Österreich und die Schweiz.

Ihre Spezialität sind internationale und personalbezogene Vertriebsoptimierungen. Zu ihren erfolgreichen Projekten zählen u.a. die Analyse von 380 Vertriebsmitarbeitern in über 70 Ländern eines deutschen Unternehmens für Messtechnik sowie das Assessment von rund 1.000 Vertriebsmitarbeitern in 102 Ländern eines großen deutschen Softwareherstellers und das entsprechende Coaching von über 200 Vertriebsführungskräften des gleichen Unternehmens. Im Bereich der Versicherung und Finanzdienstleistung hat sie über 300 Vertriebsführungskräfte in der Nutzung von Online-Assessments und dem strukturierten Durchführen von Interviews trainiert. Jedes Jahr durchlaufen mehrere tausend Vertriebsmitarbeiter ein Assessment nach der von ihr angebotenen Methodik.

Ihre feste Überzeugung ist, dass Personalentscheidungen nicht nur für die Karriere des Einzelnen von großer Bedeutung sind, sondern auch den Erfolg eines ganzen Unternehmens maßgeblich beeinflussen.

www.nilguenaygen.com

www.profilesinternational.de